U0218962

庭院果树

栽培与整形修剪全图解

日本主妇之友社 编

张国强 译

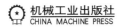

机械工业出版社

CHINA MACHINE PRESS

红穗醋栗

前 言

　　庭院栽植的果树，有能品尝美味水果的蜜柑和苹果，还有能让家人享受到采摘乐趣的树莓和蓝莓等。在庭院中栽植花草和花木，虽然可以观赏漂亮的花和绿色，而且以此为乐趣的人也越来越多，但在这样的庭院一角栽植果树，果实美味又受人欢迎，也许会更好吧。花和果都漂亮，并能提供美味果实的果树，也能使你的园艺工作乐趣增加 2 倍甚至 3 倍。

　　当庭院果树不能生产出优质果时，会很让人懊恼，因此本书从庭院果树苗木的种植方法到枝条的修剪方式、生产优质果的要点，都以通俗易懂的图解形式来呈现，一定能为读者掌握庭院果树的培育过程和步骤提供很大帮助。

目 录

树莓

备受欢迎的莓类和小水果

近几年，在果树中很受欢迎的是树莓和蓝莓等莓类，以及醋栗、茱萸和毛樱桃等小水果。果实除了生吃，也用来加工果酱等美味的食品，以及用作果酒的原材料。

成熟后变成黑色的树莓，原产于北美洲，也叫美洲树莓。

树莓 →木莓类 第 46 页

树莓是日本野生的一种木莓，生吃味道也非常好。

夏印第安

黑树莓

蓝莓（兔眼系）

第 116 页

蓝莓大致分为兔眼系和高丛系。在日本，关东以西最好栽培兔眼系，东北地区和高寒冷凉地区栽培耐寒性强的高丛系。

蓝莓（高丛系）

大杨莓 →木莓类 第 46 页

也叫罗甘莓，是木莓的一种。枝条具有匍匐性。与树莓不同的是，它即使成熟了，果实与花托也不分离。

醋栗 第 76 页

香味浓，虽然生吃味道好，但最适合制作果酱。果实颜色转为紫红色后采收。

唐棣 第 74 页

是唐棣属的一种，因 6 月果实的颜色而得名。一般生吃，还可以制作果酱和果酒。

粉醋栗

白穗醋栗 →穗醋栗 第 108 页

红穗醋栗的白色品种。因为这两种耐热性都差，所以在日本关东以西要种在防止西晒的凉爽地方。

坠玉（德国大玉）和粉醋栗

红穗醋栗

→穗醋栗

第 108 页

直径为 5 毫米左右漂亮的穗状红果。果汁多，也可用来制作果汁和果冻等。

大王茱萸 →茱萸　第58页

果实大小在 2~3 厘米的大果茱萸。茱萸为野生水果，可以生吃和制作果酒。没有达到充分成熟时涩味浓。

毛樱桃　第132页

直径为1.5厘米左右的果实，6月左右变红成熟。果实酸甜，除了生吃外，还用于制作果冻和果酒。因果实能从树上摇落而得名。

樱桃　第68页

别名车厘子。有中国樱桃和欧洲樱桃。前者因树体小，在庭院中容易栽培。

桑　第66页

作为蚕的饲料栽培，果实也能吃。以前极少作为果树栽培，但试着栽植，也挺有趣。

白毛樱桃　→毛樱桃　第132页

毛樱桃的白果品种。特性与毛樱桃没有差别，但其果实是否成熟难以辨别。

百香果

百香果　→热带果树　第 142 页
是水果西番莲的果实，酸甜，有
独特的香味。因为抗寒性差，所
以在冬季盆栽要进行保护。

猕猴桃　第 50 页
最近，常见的是原产
于中国的果实。想要
结出果实，必须要同
时栽植雄株和雌株。

海沃德

枣　第 96 页
9~10 月成熟，果实 2~4 厘米大小。除了生吃，
还可以加工成干枣和蜜饯，也可以用来做菜。

新麝香葡萄

葡萄　第 112 页
虽然庭院栽植的树体高大，但是也能进
行盆栽。不能结果过多，是盆栽的关键。

柑橘类和其他常绿果树

柑橘类等常绿果树，主要原产于温暖地带。因为大多数抗寒性差，所以在日本庭院栽培只限于关东以西的温暖地区。但是如果对盆栽进行保护，在日本东北等地也能栽培，不如尝试一下。有黄色果实的蜜柑等盆栽，作为观赏用也很好。

温州蜜柑
第32页
一般吃到的蜜柑是温州蜜柑。虽然有中国温州的名字，却是在日本培育的品种。

兴津早生

瓦伦西亚甜橙　→甜橙类　第36页
瓦伦西亚是西班牙东部地中海西岸的甜橙产地，果实香味浓，6月成熟。

盆栽的温州蜜柑

脐橙　→甜橙类　第36页
所谓的"脐"就是肚脐的脐，特点是果顶部像肚脐。甜橙类一定要在冬季温度为3℃以上的地方栽培。

甘夏 →夏蜜柑　第92页

甘夏是夏蜜柑中酸味小的品种。夏蜜柑采收的合适时期是3~4月，但是甘夏从2月开始就可以吃。

金橘　第54页

皮可食用的最小型柑橘类。果肉有酸味也可以吃。树体小，1.5米高。抗寒性比较强，日本关东以西的地区，在庭院中栽植也可以。

新七对

柠檬　第138页

因为抗寒性差，所以在日本除了四国、九州一带，都可以进行盆栽。每年开3次花，花香怡人。

八朔橘　第98页

原产于日本广岛县的甜橙类。果实大小同夏蜜柑，但抗寒性比夏蜜柑强。

酢橘 →酢橘、卡波苏　第 80 页

果汁浓酸，有香味，用于制作食醋。秋季，果实变黄色成熟。但为绿色时，果汁多、味美。酢橘是日本德岛县的特产。

香橙 →香橙、花柚　第 128 页

将皮切成小块做菜，香味扑鼻。果汁用于制作香醋。在柑橘类中抗寒性强，在日本，直到东北地区南部，都能在庭院中栽植。

卡波苏 →酢橘、卡波苏　第 80 页

果实直径为 4~5 厘米，比酢橘大。与酢橘一样，做菜时用其果汁来调味等。抗寒性比较强。卡波苏是日本大分县的特产。

卡波苏

花柚 →香橙、花柚　第 128 页

树体小，果实只有香橙的一半大。香味没有香橙浓，但容易坐果，开白花，香气宜人。

枇杷 第 102 页　　　　　　　　　　　　茂木

生产优质果的关键是不能结果太多。如果在庭院中栽植，会导致树体过大、光照变差，最好盆栽。

杨梅 第 126 页

因为果实柔软易受伤，所以在日本各商店不会大量出售。要想生吃，最好自己栽培。

费约果 第 106 页　　　　　　　　　　　长毛象

香甜的热带水果，但比甜橙等抗寒性强。栽培的乐趣在于花漂亮、果同样香甜。

黄草莓番石榴 →热带果树　第 142 页

形似草莓番石榴，果实为黄色。抗寒性稍弱，在日本的九州和四国的温暖地区可以进行庭院栽植，在其他地区需要盆栽。

草莓番石榴 →热带果树　第 142 页

热带果树但抗寒性强。能栽培温州蜜柑的地方都能栽培草莓番石榴。除了生吃，制作成果汁和果冻也好吃。

常见果树

苹果、梨、柿子等常见果树，因为多数原产于温带，适合日本的气候，所以在任何地方都能栽培。无花果、石榴和木通等，最近都不怎么关注的水果，只要适地栽植，就算不怎么管理，也会有收获。在庭院的角落栽上1株，你就能品尝到熟悉的味道。

苹果 第134页
苹果虽然是适合寒冷地区栽培的果树，但在日本关东以西栽培也没有问题。因为品种多，所以肯定能选到喜欢的品种。

富士

阿尔卑斯乙女

甲州百目

梨 第88页
梨有日本梨和西洋梨，在雨多的日本，西洋梨难以栽培。日本梨又有红梨和青梨。

新高

柿子 第40页
柿子是日本自古以来就有的果树，品种多，有甜柿和涩柿。日本的东北地区等既有甜柿，也有不完全脱涩的。

富有

桃 第122页　　　　　　　　　　　白凤

在树上充分成熟的桃的美味，在市场上是品尝不到的。因其抗寒性强，所以在日本直到东北地区中部都可庭院栽植。

油桃 →桃　第122页　　　　　　　秀峰

桃的一种。普通的桃果皮有细小的毛，油桃的特点是没有毛。比桃稍小，但更甜，有适量酸味。

李子的一个品种，果个大，果汁多，　　苏达木
果实柔软，甜味浓，味道好。

李子 第84页　　　　　　　　　　大石早生

李子和桃核、柿子一样，是日本自古就有的水果，但能有如今的甜品种是在明治时代以后了。其抗寒性也强，在日本从北海道到鹿儿岛都能栽培。

洋李 →李子　第84页
深紫色的欧洲李，干果也
很常见，生吃味道也好。

斯坦雷

梅 第28页

果实不仅可以生吃，也可以加工成梅干和梅酒。
丰后不用于制作梅干，适合制作梅酒等。

丰后

甲州最小
用于制作梅干的小果梅。

花梨 第44页

果实有10厘米左右大，不能生吃，除了制作果酱和果冻外，还可以制作蜜饯和果酒等。

南高 核小，最适合制作梅干。

杏 第20页

果实可制作杏干和果酱，生吃味道也不错，但容易变软，在日本的市场上几乎买不到。

无花果 第 24 页
欧洲自古就有的水果，
江户时代引入日本。
抗寒性稍弱，适合在
日本关东以西栽培。

石榴 第 72 页
红红的果实像红宝石一样漂亮。中国和美
洲品种多。观赏用的观花石榴不结果。

榅桲 第 120 页
极像花梨，但是另
一个种类。果实香
味浓烈，但不生吃，
用于加工果酱、果
冻、果酒和蜜饯等。

菠萝 →热带果树 第 142 页
抗寒性差，在日本除冲绳和南九州以外可盆
栽。市场上销售的果实顶部可以在河沙中扦
插成苗。

木通 第 18 页
山上的野生植物，以前一般都是采收野生果实。
但是最近在果树园艺方面出现了栽培种。

无刺板栗

采收的板栗。最好泡水半天后再做菜或贮藏。

板栗 第 60 页

日本从绳文时代就开始食用的野生柴栗的改良
种。最近也容易采集到无刺板栗。

核桃 第 64 页

普通核桃果实成熟后，外皮自然脱落（右图）。
野生的核桃楸也能吃，但是壳厚，可食部分少。

核桃 外皮一脱落就采收并晾干。

庭院果树的
培育方法、修剪要点

- 特点与性质
- 种类和品种
- 栽培要点
- 生产优质果的要点
- 盆栽的要点

专栏：不结果是为什么呢？

栽培月历

※ 包含 40 余种备受欢迎的庭院栽培的果树，最后还收录了番石榴、百香果、菠萝 3 种热带果树。

※ 标题下的"栽培适宜地区"是指各种果树进行露地栽培时，每年可确保采收的区域。若是盆栽，在其他地区也能栽培。

月	1	2	3	4	5	6	7	8	9	10	11	12
开花、结果			开花 ▬						▬ 采收			
果实管理		人工授粉 ▬	▬ 疏果									
整枝、修剪			▬ 整枝、修剪				▬ 整枝					
病虫害防治												
施肥		▬▬								▬▬		

木通

（木通科）

栽培适宜地区：在日本山形、长野等冷凉地区适合生产优质果

🌀 拱形棚架培养

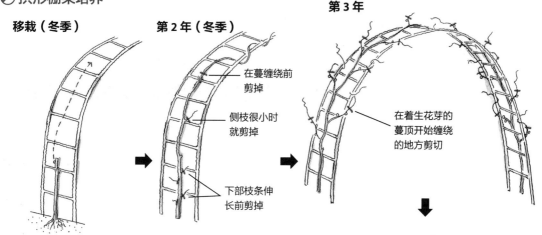

移栽（冬季）

第2年（冬季）
- 在蔓缠绕前剪掉
- 侧枝很小时就剪掉
- 下部枝条伸长前剪掉

第3年
- 在着生花芽的蔓顶开始缠绕的地方剪切

栅栏形培养

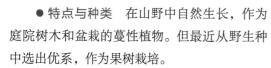

第3年（冬季）
- 结果枝
- 主枝

引缚2根主枝，促发结果枝。结果枝直立生长

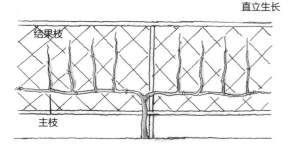

目标树形

● **特点与种类** 在山野中自然生长，作为庭院树木和盆栽的蔓性植物。但最近从野生种中选出优系，作为果树栽培。

一般能见到的是5片叶的五叶木通和3片叶的三叶木通。

● **栽培要点** 作为蔓性植物栽培容易管理，不必特意选择栽培场所。

栽植 抗寒性强，从12月～第2年3月都能栽植。最好在3月进行盆栽。

肥料 采收后施入干鸡粪、油渣、硫酸钾等化学肥料的混合肥料。

病虫害 果实容易感染白粉病，导致外观差，要在梅雨期进行防治。

整枝、修剪 蔓性植物易缠绕，可以培养成棚架、篱架和拱桥形等树形。

● **生产优质果的要点** 栽植五叶木通和三叶木通两种，相互间可以进行人工授粉。没有必要疏蕾，但一定要疏果。

授粉 用该品种的花粉授粉不结果（自花不实），所以要用五叶木通、三叶木通不同种

● 盆栽的培养方法：灯笼形培养

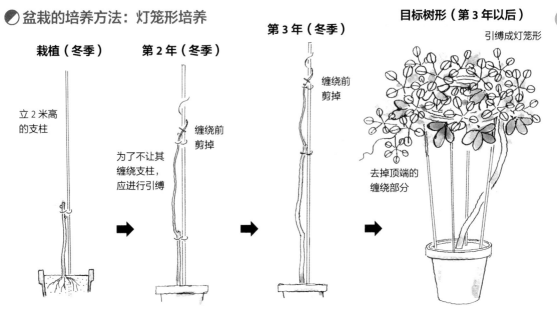

栽植（冬季）

立 2 米高的支柱

第 2 年（冬季）

为了不让其缠绕支柱，应进行引缚

缠绕前剪掉

第 3 年（冬季）

缠绕前剪掉

目标树形（第 3 年以后）

引缚成灯笼形

去掉顶端的缠绕部分

● 果实的着生方式与果实管理

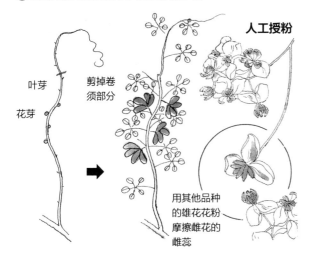

叶芽
花芽

剪掉卷须部分

人工授粉

用其他品种的雄花花粉摩擦雌花的雌蕊

类间相互授粉。为了确保结果，要用其他品种的雄花散出的花粉直接摩擦雌花的雌蕊，进行人工授粉。雌蕊很多，但没有必要全部授粉，部分授粉就足够了。

疏果　每处能结多个果实，按照 2 个 / 处的标准选留形状好、个大的果实，其余的疏掉。确保结果后，尽早进行疏果。

采收　果实充分成熟后，果皮着色裂开前 3~4 天，依次采收。

不结果是为什么呢？

● **上一年结果过多**

因为人工授粉会提高坐果率，所以忽视疏果，从而导致果实变小、下一年成花变差。原因是结果过多，营养不足。结果量大时，一定要疏果。首先疏除叶片少的地方的果实和小果、畸形果等，再根据叶片数量调整留果数量。

去掉小果

去掉

因为没有叶片，所以全部去掉

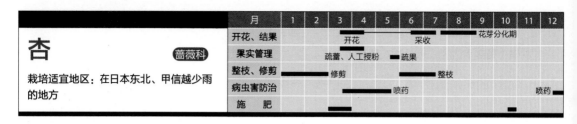

月	1	2	3	4	5	6	7	8	9	10	11	12
开花、结果			开花		采收			花芽分化期				
果实管理		疏蕾、人工授粉		疏果								
整枝、修剪		修剪				整枝						
病虫害防治			喷药							喷药		
施 肥												

杏

薔薇科

栽培适宜地区：在日本东北、甲信越少雨的地方

庭院栽植的培养方法

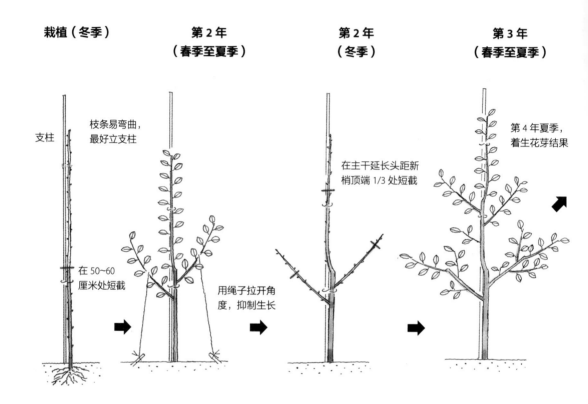

栽植（冬季）

支柱

在 50~60 厘米处短截

第 2 年（春季至夏季）

枝条易弯曲，最好立支柱

用绳子拉开角度，抑制生长

第 2 年（冬季）

在主干延长头距新梢顶端 1/3 处短截

第 3 年（春季至夏季）

第 4 年夏季，着生花芽结果

● **特点与性质**　中国华北、东北南部是杏的原产地，日本和中国的品种被称为东亚系品种群。从原产地运往地中海经改良的品种，适合夏季温暖干燥的地带，被称为欧洲系品种群。

适宜栽培地区，与耐寒性强、喜好少雨气候的苹果相似。选择光照好、排水良好的场所栽培。日本关东以西也能栽培。

● **种类和品种**　具有漂亮粉色大花瓣的平和号，从幼树起，利用该品种的花粉授粉，就能很好地结果。与新泽大实一样，适合制作果酱、蜜饯。信州大实具有乒乓球大小的大果，略带酸味，除了生吃，主要用于加工。用于生吃的金太阳，甜味浓、无酸味，夏季能品尝到果实的美味。还有些品种的果肉与种子（果核）容易分离，便于生吃，也便于加工。

● **庭院栽植的要点**　适合光照好、排水良好、土质肥沃的土壤。在日本的东北、甲信越地方，像关东以西的柿子一样，多以庭院树木栽植。

栽植　适宜时期为 12 月或 3 月。

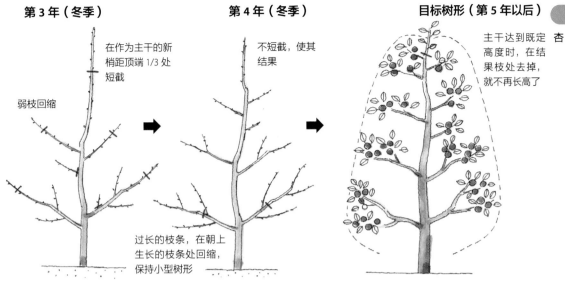

第 3 年（冬季）

在作为主干的新梢距顶端 1/3 处短截

弱枝回缩

第 4 年（冬季）

不短截，使其结果

过长的枝条，在朝上生长的枝条处回缩，保持小型树形

目标树形（第 5 年以后）

主干达到既定 杏高度时，在结果枝处去掉，就不再长高了

🌑 果实的着生方式与果实管理

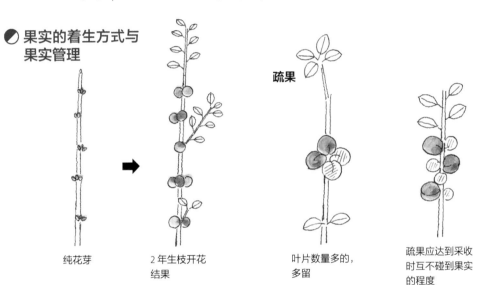

纯花芽

2 年生枝开花结果

疏果

叶片数量多的，多留

疏果应达到采收时互不碰到果实的程度

肥料　每年采收后施入干鸡粪、油渣、硫酸钾等化学肥料的混合肥料。

病虫害　重点是和桃、梅等同样的黑星病。5 月下旬~6 月上旬，从梅雨期开始，果实上就开始出现黑色圆形的小斑点，之后逐渐扩大，这些部分变硬、裂开。

整枝、修剪　落叶期的 1 月~3 月上旬进行修剪。经过 3~4 年，培养成 2~3 米高的主干形。为了不让侧枝和结果枝过大，第 3 年用新的枝条更新。

● **生产优质果的要点**　通过人工授粉，确保结果。

疏蕾　若鉴赏漂亮的花，就不疏蕾。

人工授粉　平和号用自有的花粉授粉就能结果。但其他品种和梅、桃、李子互相授粉，才能正常结果。

疏果　盛花后 1 个月，只对小指尖大小的、果实过多的枝条进行疏果，多留光照好的枝条上的果实。

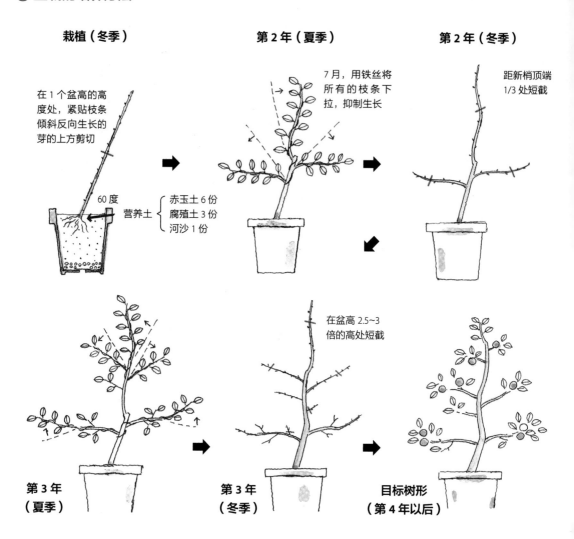

栽植（冬季）

在1个盆高的高度处，紧贴枝条倾斜反向生长的芽的上方剪切

60度

营养土 { 赤玉土6份 腐殖土3份 河沙1份 }

第2年（夏季）

7月，用铁丝将所有的枝条下拉，抑制生长

第2年（冬季）

距新梢顶端1/3处短截

第3年（夏季）

第3年（冬季）

在盆高2.5~3倍的高处短截

目标树形（第4年以后）

采收 用于生吃和制作果酱，在果实颜色达到深黄色充分成熟时采收；用于制作杏干和罐头（蜜饯），则在即将充分成熟前采收。

● **盆栽的要点** 注意不要让其在开花期遭遇低温。

栽植 3月栽植于6~8号盆，使用赤玉土6份、腐殖土3份、河沙1份制成的营养土。

放置场所 放在通风、光照好的地方。开花期早，有可能遭遇低温，晚上（或低温时）要搬到室内防寒。

施肥 3月在盆边压入玉肥。

整枝、修剪 最好按照模样木培养。成枝率低，用铁丝对新梢进行整枝，以主干为中心平均配置。

疏蕾、疏果、授粉 按照每盆留5~10个果实，将要留的果实平均分配到每根枝条上。

换盆 想要结果，最好每隔1年换盆1次并疏果，恢复树势。

● 树势衰弱

经常被问到,盆栽上一年大量结果,今年就不结果,这是为什么? 这是因为上一年结果过多,树势衰弱导致的。这就需要换盆,恢复树势。

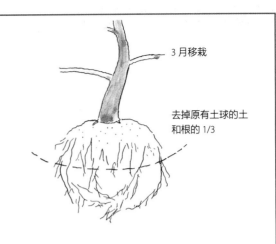

3 月移栽

去掉原有土球的土和根的 1/3

● 盆栽要疏果

每盆留 5~10 个果。关键是所留果实要在整盆平均分配。如果主干顶端不结果,盆景看起来会很漂亮。

疏掉主干顶端的果实会更漂亮

每盆留 5~10 个果

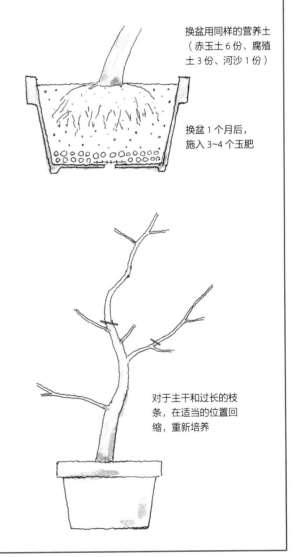

换盆用同样的营养土(赤玉土 6 份、腐殖土 3 份、河沙 1 份)

换盆 1 个月后,施入 3~4 个玉肥

● 重新培养

要想结果,每隔 1 年必须换盆 1 次。换盆时要将过长的枝条和主干回缩到适当长度,重新培养小型的树形。如果每年都进行回缩修剪,就会抽生长短合适的新梢开花结果。对于生长健壮的枝条,在 7 月用铁丝引缚到水平线以下,控制生长,虽然尽量不进行冬季修剪,但一定要进行夏季期间的管理。

对于主干和过长的枝条,在适当的位置回缩,重新培养

无花果 桑科

栽培地区：日本关东以西太平洋沿岸少风的温暖地带

月	1	2	3	4	5	6	7	8	9	10	11	12
开花、结果						夏果采收		秋果采收				
果实管理										■ 疏果		
整枝、修剪	修剪 ■■■				刻芽							
病虫害防治	捕杀 ■■■					喷药						
施　肥												

庭院栽植的培养方法：一字形培养

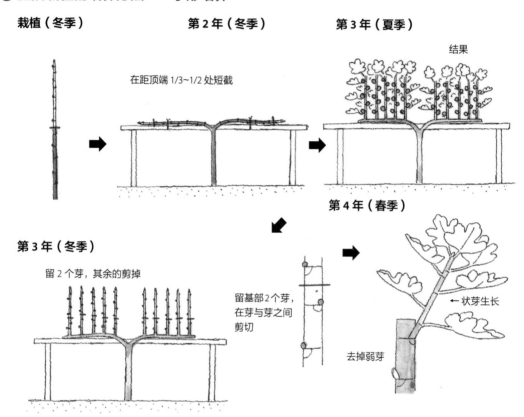

栽植（冬季）

第 2 年（冬季）
在距顶端 1/3~1/2 处短截

第 3 年（夏季）
结果

第 3 年（冬季）
留 2 个芽，其余的剪掉

第 4 年（春季）
留基部 2 个芽，在芽与芽之间剪切
去掉弱芽
← 状芽生长

● **特点与性质**　原产于温暖地带的果树，在地中海沿岸和美洲西部少雨的地方，作为干果原料广泛栽培。

栽培地点对冬季低温有限制，可选择适合栽培蜜柑的地区。在风力小、光照好的地方，如果土层深厚并且不是极端干旱，则对土质没有要求。无花果是在适宜地区容易栽培的庭院果树。

● **种类和品种**　有 6~7 月成熟的夏果专用品种、8 月以后成熟的秋果专用品种。梅雨期容易造成夏果腐烂，所以主要选择秋果品种。

黑加州，树体较小，中果（单果重 50 克），果为深紫色，甜味浓。除此以外，耐寒性强、在日本北关东也能栽培的天青蓝，虽然果小（单果重 20 克），但 8 月中旬可采收，早熟、浓甜，容易挂果。日本栽植最多的玛斯义陶芬属于兼用品种，因抗寒性弱而主要在温暖地区栽培，最好作为秋果品种管理。从 8 月下旬开始，有 2 个月的采收期。该品种为大果（单果重 100克），颜色为紫红色，挂果容易，但甜味淡。

◐ 杯状形培养

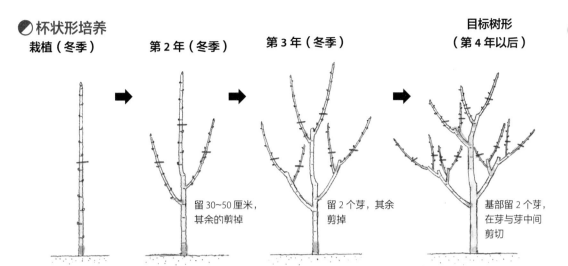

栽植（冬季）	第 2 年（冬季）	第 3 年（冬季）	目标树形（第 4 年以后）

留 30~50 厘米，其余的剪掉

留 2 个芽，其余剪掉

基部留 2 个芽，在芽与芽中间剪切

◐ 果实的着生方式与果实管理

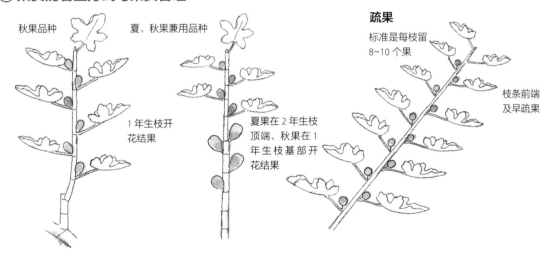

秋果品种

夏、秋果兼用品种

疏果
标准是每枝留 8~10 个果

1 年生枝开花结果

夏果在 2 年生枝顶端、秋果在 1 年生枝基部开花结果

枝条前端及早疏果

● **栽培要点** 栽植前，注意防治根结线虫。

栽植 最好在 3 月栽植。日本的市场上销售的扦插苗细根多，栽植当年就能见果，但从第 2 年开始采收。

肥料 每年采收后施混合肥。

病虫害 病害有疫病，果实上出现白色霉层腐烂，梅雨期长期连续下雨后开始发病，与黑霉病相同，在 9 月采收期遇雨时开始扩展。

在发病初期，用波尔多液 1000 倍液喷布，或采收前用甲基托布津 2000 倍液喷布。

整枝、修剪 为了便于采收软熟果，培养成杯状形或一字形的低冠树。

● **生产优质果的要点** 持续晴天时要灌水。

疏果 及早疏除枝条前端的幼果，每枝留 8~10 个果。

采收 8 月下旬~10 月中旬都能采收秋果。

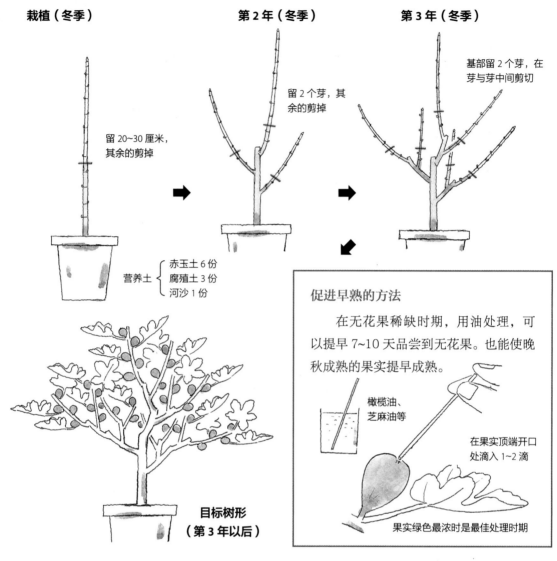

栽植（冬季）　第2年（冬季）　第3年（冬季）

留20~30厘米，
其余的剪掉

留2个芽，其
余的剪掉

基部留2个芽，在
芽与芽中间剪切

营养土 { 赤玉土6份
腐殖土3份
河沙1份 }

目标树形
（第3年以后）

促进早熟的方法

　　在无花果稀缺时期，用油处理，可
以提早7~10天品尝到无花果。也能使晚
秋成熟的果实提早成熟。

橄榄油、
芝麻油等

在果实顶端开口
处滴入1~2滴

果实绿色最浓时是最佳处理时期

● **盆栽的要点**　使用没有线虫的、清洁的营养土。

栽植　初秋买到的苗木，要在大盆中假植、室内越冬，3月栽植到6~8号盆中。

放置场所　从春季到落叶，要放在风力小、光照好的地方。抗寒性弱的品种（玛斯义陶芬等）冬季要在室内越冬。

施肥　3月施入3~4个玉肥。

整枝、修剪　培养成自然树形，在20~30厘米的主干上选留3根枝条，每年在基部留2个芽，其余的剪掉，促进抽生1~2根结果枝。

疏蕾、人工授粉　没有必要。

疏果　3~6根新梢（根据盆的大小而定），每根新梢留1~2个果，及早疏果。

换盆　每隔1年要换盆1次。换盆当年也能结果。

购买的盆栽的管理　日本的市场上几乎没有卖盆栽的，因为最多只能放在室内观赏1~2天，再久叶片就会变黄脱落。

如何重新培养小型树形?

● 用植株基部的枝条更新

①如果大树基部发出短枝,就用这种枝条进行更新。为了让这种短枝充分得到光照、生长良好,必须去掉遮光的枝条。短枝生长起来以后,去掉所有的老干,进行更新。

● 通过扦插更新

②将新梢3~4节剪成一段,进行扦插。扦插后生长2~3年再移栽,因为在原来种过无花果的地方生长难以长大,所以要栽在以前没有种过无花果的地方。

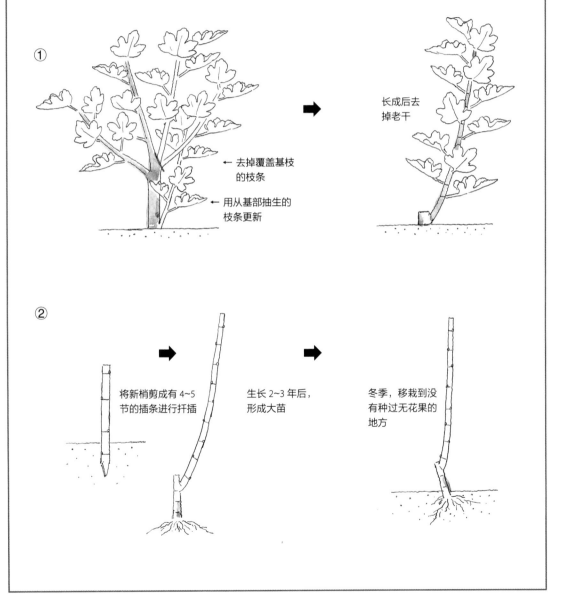

①
→ 去掉覆盖基枝的枝条
→ 用从基部抽生的枝条更新

长成后去掉老干

②
将新梢剪成有4~5节的插条进行扦插
生长2~3年后,形成大苗
冬季,移栽到没有种过无花果的地方

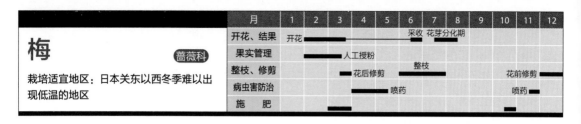

月	1	2	3	4	5	6	7	8	9	10	11	12
开花、结果	开花 ▬▬▬▬					采收 ▬	花芽分化期					
果实管理	▬▬▬ 人工授粉											
整枝、修剪				花后修剪 ▬▬			整枝 ▬▬▬				花前修剪 ▬ ▬	
病虫害防治					▬ 喷药					▬ 喷药		
施　肥			▬▬							▬		

梅　　薔薇科

栽培适宜地区：日本关东以西冬季难以出现低温的地区

🌓 庭院栽植的培养方法

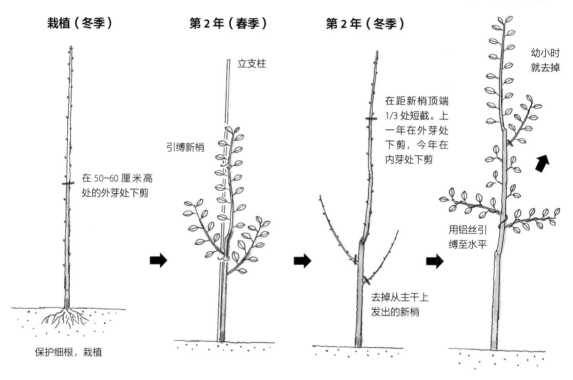

第3年（春季）

栽植（冬季）
在50~60厘米高处的外芽处下剪
保护细根，栽植

第2年（春季）
立支柱
引缚新梢

第2年（冬季）
在距新梢顶端1/3处短截。上一年在外芽处下剪，今年在内芽处下剪
去掉从主干上发出的新梢

幼小时就去掉
用铝丝引缚至水平

● **特点与性质**　原产于中国中南部，日本在古代的时候从中国引入了梅。

如果在光照好、开花期很少有低温、排水良好、土层深厚的地方，则对土质没有要求。

●**种类和品种**　在庭院中栽培，果梅也可以作为早春的花木进行鉴赏。选择花粉多、单株也能结果的品种。浅红色大花瓣的中粒（单果重25克）莺宿、开花期晚白花中粒（单果重20克）的稻积、小粒（单果重5克）的甲州最小都可以。大粒主要用于制作梅酒的有白花的白加贺、玉英，属于大果（单果重30克）。但因为这些品种没有花粉，所以一定要与前述品种混栽。

● **栽培要点**　最好选择开花期晚、自花授粉的品种。并且，最好栽培在温差小的地方。

栽植　适宜时期是在12月~第2年3月。

肥料　采收后施混合肥料。

病虫害　新梢抽出后，蚜虫在叶背为害，导致叶片翻卷，生长不良，可喷布1000倍液杀螟硫磷。梅毛虫在分枝处用白丝做巢，幼虫群居，为害附近叶片，应剪掉有幼虫为害的枝条。

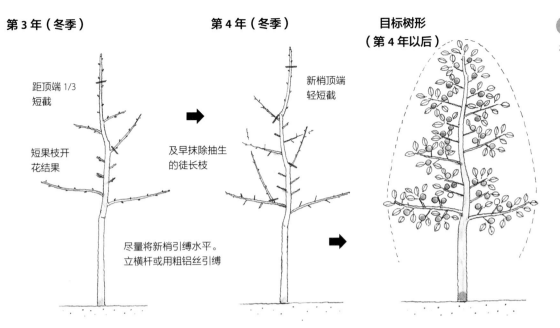

第 3 年（冬季）

距顶端 1/3
短截

短果枝开
花结果

及早抹除抽生
的徒长枝

尽量将新梢引缚水平。
立横杆或用粗铝丝引缚

第 4 年（冬季）

新梢顶端
轻短截

**目标树形
（第 4 年以后）**

🌑 果实的着生方式与果实管理

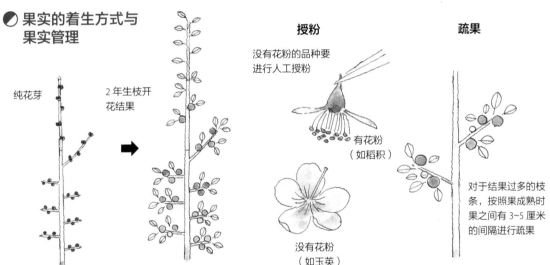

纯花芽

2 年生枝开
花结果

授粉

没有花粉的品种要
进行人工授粉

有花粉
（如稻积）

没有花粉
（如玉英）

疏果

对于结果过多的枝
条，按照果成熟时
果之间有 3~5 厘米
的间隔进行疏果

病害有黑星病，在果实上出现黑点，可喷布硫黄 400 倍液或甲基托布津 1500 倍液。

整枝修剪 与花梅一样，培养成 2.5~3 米高的主干形。

● **生产优质果的要点** 选择自花结实的品种，或栽植 2 个以上品种。

人工授粉 没有花粉的品种和自花难结实的品种要用前述的品种或花梅的花粉，主要对短果枝的花进行授粉。

采收 不用于生吃的梅，在适合加工的时期分批采收，可以品尝到各种各样的加工品。

①用于制作梅酒的梅要在青梅时期采收，比用于制作梅干的梅采收要早一点。

②用于制作梅干的梅要在绿色变浅、转为浅红色时采收。

③用于制作果酱的梅，在果面发黄、完全成熟后采收。可在上午用手直接采收。

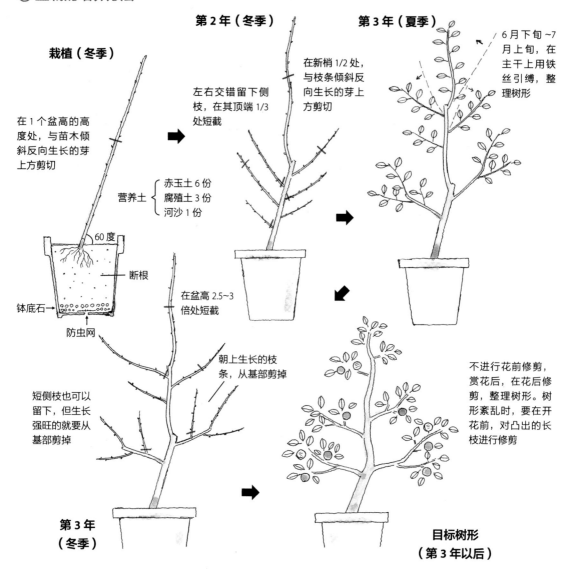

栽植（冬季）

在 1 个盆高的高度处，与苗木倾斜反向生长的芽上方剪切

营养土 { 赤玉土 6 份 / 腐殖土 3 份 / 河沙 1 份 }

60 度

断根

钵底石

防虫网

第 2 年（冬季）

左右交错留下侧枝，在其顶端 1/3 处短截

在盆高 2.5~3 倍处短截

朝上生长的枝条，从基部剪掉

短侧枝也可以留下，但生长强旺的就要从基部剪掉

第 3 年（夏季）

在新梢 1/2 处，与枝条倾斜反向生长的芽上方剪切

6 月下旬~7 月上旬，在主干上用铁丝引缚，整理树形

第 3 年（冬季）

目标树形（第 3 年以后）

不进行花前修剪，赏花后，在花后修剪，整理树形。树形紊乱时，要在开花前，对凸出的长枝进行修剪

● 盆栽的要点 放在光照好的地方。

放置场所 长叶期间，放在光照好的地方。叶少的冬季，放在温暖的室内，作为盆栽，比起庭院栽植，更容易被人们所观赏。

肥料 3 月施入 3~4 个玉肥。

整枝、修剪 培养成模样木。从第 3 年开始开花结果。因为短果枝多，所以花后要进行疏除、修剪。

人工授粉 室内观赏的花如果开了，就用其他品种的花粉（花梅也可以）进行人工授粉。如果是前述品种，就用自己的花授粉。

疏果 按 5~10 个果的标准疏果，留下的果要在各枝条上平均分布。

换盆 每隔 1 年要换盆 1 次。

购买的盆栽的管理 果梅，日本的市场上没有卖的。但新年期间用的花梅，如冬至梅和寒红梅，相互间也能授粉结果，既能观花又能观果。

● 遭遇寒流

听说果梅只开花不结果。

以日本东京为首，南关东冬季晴天多，尤其是暖冬年份开花更早。同样的树木，暖冬开花早的年份与晚开花的年份，盛花期相差 1 个月。结果好的年份，寒冬气温低，春季来临晚，即使遇上寒流，因开花晚而不受影响，也能丰产。

原因是暖冬开花早的年份，遭受寒流危害的机会多。

作为防治措施，可试试推迟开花期的方法。最好避开容易出现低温的地方，栽植自花授粉结果的品种（如稻积），根据实际情况推迟开花期。

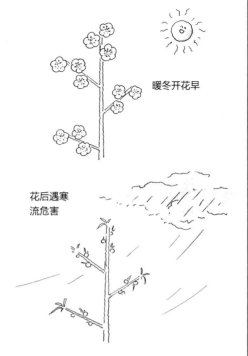

暖冬开花早

花后遇寒
流危害

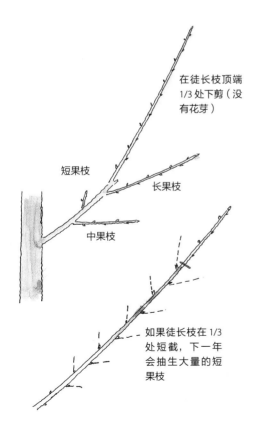

在徒长枝顶端
1/3 处下剪（没
有花芽）

短果枝

长果枝

中果枝

如果徒长枝在 1/3
处短截，下一年
会抽生大量的短
果枝

● 在距徒长枝顶端 1/3 处短截

有"不剪梅是傻瓜"的说法。虽说梅是在上一年生长的枝条（2 年生枝）上结果，但并不是所有的 2 年生枝都能开花结果。

2 年生枝的种类有 1 米以上的绿色徒长枝、50~60 厘米的长果枝、20~30 厘米的中果枝、10 厘米以下的短果枝。徒长枝是只有叶芽没有花芽的 2 年生枝，也不会开花结果。通过冬季修剪可以让徒长枝结果。在枝条顶端 1/3 处短截，下一年从枝条顶端到基部，就会发出 10 厘米以下着生花芽的短果枝，进行结果。

所谓的"剪梅"是说，短截梅的徒长枝，下一年抽生短果枝，对发出的多根徒长枝要进行疏除修剪，防止枝条密挤，改善光照，促进成花。

月	1	2	3	4	5	6	7	8	9	10	11	12
开花、结果	花芽分化期				开花					采收		
果实管理							疏果					
整枝、修剪		修剪				整枝						
病虫害防治						喷药						喷药
施　肥		施肥								施肥		

温州蜜柑　芸香科

栽培适宜地区：日本房总半岛以西太平洋沿岸的温暖地带

庭院栽植的培养方法：主干形培养

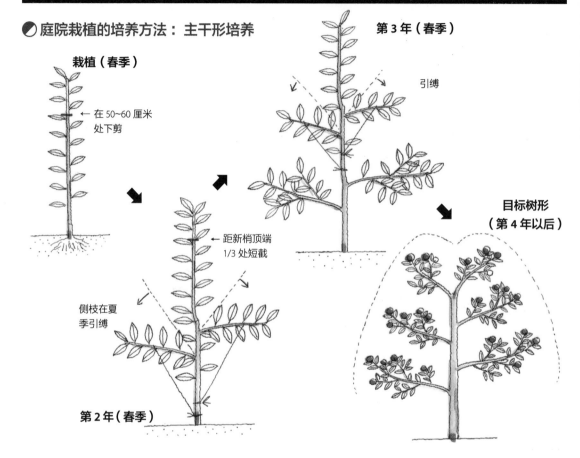

栽植（春季）

← 在 50~60 厘米处下剪

第 2 年（春季）

侧枝在夏季引缚

距新梢顶端 1/3 处短截

第 3 年（春季）

引缚

目标树形（第 4 年以后）

● **特点与性质**　日本原产的常绿果树的代表树种。在日本果树园艺中广泛栽培是在明治时代以后了，纪伊国屋文左卫门用柑橘船运送的是九州蜜柑。

它是蜜柑类中抗寒性最强的种类。在日本南关东以西沿岸的温暖地区，也能进行庭院栽培。正是因为它是原产于温暖地带的常绿树种，所以耐夏季高温、耐阴凉，对土质没有要求。

● **种类和品种**　有早熟温州蜜柑和普通温州蜜柑。早熟温州蜜柑在 10 月中、下旬成熟。

大果、果个均匀、一次性采收的官川早生，着色早、甜味浓的兴津早生，果实浓红色、漂亮、小型果的土桥红温州，果实偏扁、甜味浓的大津 4 号，果实能贮藏到 3 月的美味的青岛温州等普通温州蜜柑都可以。在积温不足的东京附近最好种植早熟品种。

● **栽培要点**　选择耐寒性比较强的品种，避开冬季寒风的地方栽植。

栽植　虽然 2 月下旬市场上就开始有苗木出售，但要在寒冷已经过去的 3 月下旬栽植。

半圆形培养

第 2~4 年（春季）

下一年以后抽生的枝条自然生长

目标树形（第 4 年以后）

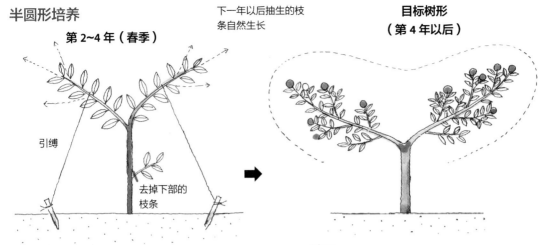

引缚

去掉下部的枝条

● 果实的着生方式与果实管理

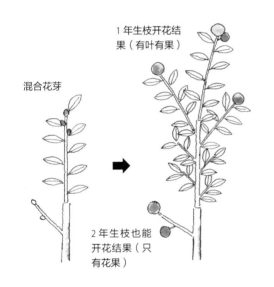

混合花芽

1 年生枝开花结果（有叶有果）

2 年生枝也能开花结果（只有花果）

疏果

早熟品种，每个果留 40~50 片叶
普通品种，每个果留 20~25 片叶

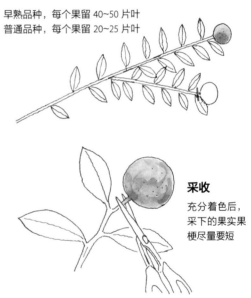

采收

充分着色后，采下的果实果梗尽量要短

肥料　萌芽后进行春季施肥，采收前 1~2 周进行秋季施肥，分 2 次施入干鸡粪、油渣、硫酸钾等化学肥料的混合肥料。

病虫害　介壳虫、蚜虫的危害，会导致叶片产生黑色的污染，形成煤污病，因此采收后应喷布机油乳剂 30 倍液。

● 生产优质果的要点　适当进行疏果等果实管理。没有必要进行疏蕾、人工授粉。

疏果　7 月中旬疏完第 1 次，8 月中旬疏完第 2 次。早熟品种每个果留 40~50 片叶，普通品种每个果留 20~25 片叶，疏掉叶片少的果实。

套袋　早熟品种为了防止日烧，在疏掉夕阳照射的果实后，套上纸袋。

采收、贮藏　一般要求果皮的着色程度和果实的成熟度都要一致。但早熟品种在于果实的成熟度，青色的果实也是充分成熟的。但像日本东京附近积温不足的地方，早熟品种和普通品种在采收期采收，都能品尝到较甜的果实。普通品种贮藏 1~2 个月后，酸味下降，味道更好。

● 盆栽的培养方法：模样木培养

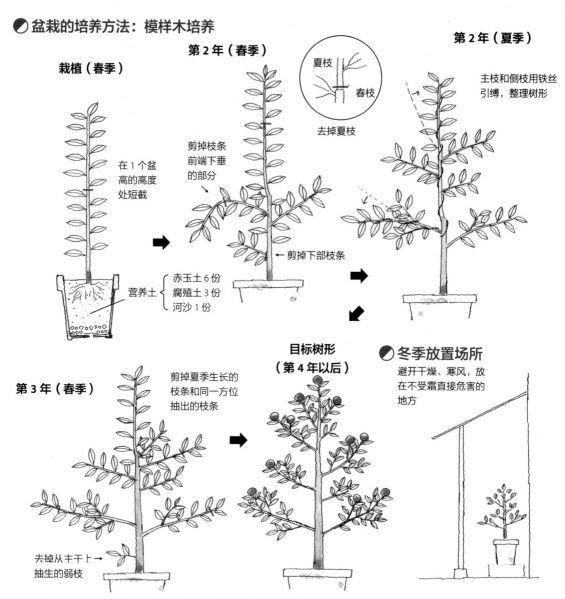

栽植（春季）

在1个盆高的高度处短截

营养土 ⎰ 赤玉土6份
腐殖土3份
河沙1份

第2年（春季）

剪掉枝条前端下垂的部分

←剪掉下部枝条

夏枝
春枝
去掉夏枝

第2年（夏季）

主枝和侧枝用铁丝引缚，整理树形

第3年（春季）

剪掉夏季生长的枝条和同一方位抽出的枝条

去掉从主干上→抽生的弱枝

目标树形（第4年以后）

● 冬季放置场所

避开干燥、寒风，放在不受霜直接危害的地方

● **盆栽的要点** 培养模样木树形，适当进行疏果，不要结果过多。

栽植 3月从市场上买到的苗木，在3~4月栽植在6~8号盆。对营养土没有特别要求。

放置场所 放置在有半天以上光照的地方。冬季，避开干燥、寒风，移到不受霜直接危害的地方，在日本东京附近，屋外也能越冬。

灌水 盆土干后就灌水。

肥料 3月和10月，在盆边埋入玉肥。

整枝、修剪 标准树高是盆高的2.5~3倍。

庭院栽植的枝条，春季、夏季、秋季生长3次，盆栽幼树期只生长夏枝，结果后的春枝以疏除、修剪为主。

疏蕾 疏掉没有叶片的花蕾。

疏果 7月中旬、8月中旬，根据果实膨大状况进行疏果，每个盆最终保留8~10个果。

换盆 成龄树应每隔1年换盆1次。

购买的盆栽的管理 如果在室内观赏，放在明亮的场所，最多放1周。

● 盆栽一定要换盆

　　盆栽持续培育会出现下部枝条枯死，只有上部枝条生长，结果差的现象。树势一定要培育旺盛，如果是小盆，就要换大一号的盆重新栽植。对于因盘根造成生长发育不良的树，要用新的营养土移栽，也要多施肥料。枝条数量少，生长差时，应在7月追肥，并且要注意灌水。

　　栽植后，剪掉强旺枝条，促进不定芽的发生。放置场所要选择光照好的地方。

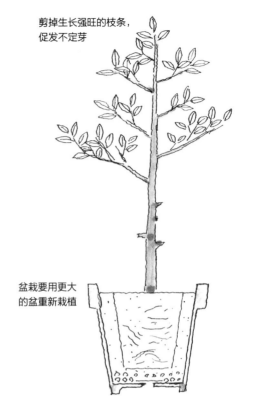

剪掉生长强旺的枝条，
促发不定芽

盆栽要用更大
的盆重新栽植

开花前，用白色的寒冷
纱等将整个树体盖住

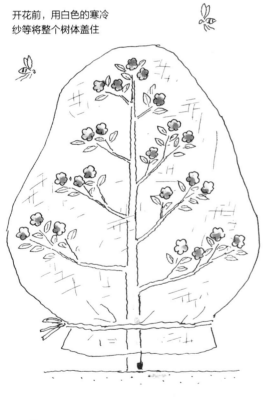

附近有夏蜜柑等，
就能授粉形成种子

● 生产无籽果

　　温州蜜柑一般是无籽果。因花药不完全而没有花粉，即使不授粉也能结果（单性结实），但如果附近有夏蜜柑等，用其花粉也能受精，形成种子。

　　这种情况下，开花前，将整个树体用蜜蜂等进不去的网盖住，昆虫就不会飞来采花。花败后，去掉覆盖物就可以了。

甜橙类 芸香科

栽培适宜地区：日本纪伊半岛以西太平洋沿岸温暖地带的少雨地区

月	1	2	3	4	5	6	7	8	9	10	11	12
开花、结果	花芽分化期						采收					采收
果实管理			人工授粉		开花		疏果	疏果				
整枝、修剪		修剪				整枝	喷生长调节剂					
病虫害防治								喷药				
施 肥												

🔶 庭院栽植的培养方法

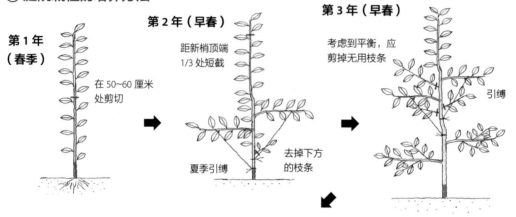

第1年（春季）　在50~60厘米处剪切

第2年（早春）　距新梢顶端1/3处短截　夏季引缚　去掉下方的枝条

第3年（早春）　考虑到平衡，应剪掉无用枝条　引缚

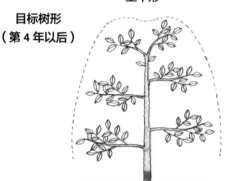

目标树形（第4年以后）

主干形

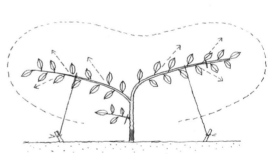

半圆形

留2根主枝，第2年夏季引缚培养成形

● **特点与性质** 以华盛顿脐橙和瓦伦西亚甜橙为代表，在蜜柑类中是品质最高的种类，世界一流的水果。

喜好温暖的气候。冬暖夏凉少雨的地方是适宜栽培地区。

● **种类和品种** 果顶形状像肚脐，一般称为脐橙，华盛顿脐橙最有名，品质好、早熟。日本原有品种培育的鹅久森脐橙、丹下脐橙、铃木脐橙等，好多品种都是比亲本华盛顿脐橙更易坐果、更易栽培的无籽品种。

福原甜橙果实耐寒性强、落果少，是能够越冬的甜橙。

瓦伦西亚甜橙是极晚熟品种，5~6月采收，但遇冬季低温落果多，产量不稳定。

● **栽培要点** 选择冬季温度在-3℃以上的地方，并采取防寒措施、夏季遮光等。

栽植 在寒潮过去的3~4月，选择冬季温暖向阳的地方栽植。

疏果

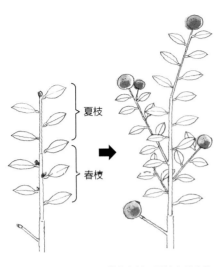

混合花芽

①从春枝和夏枝上抽生的 1 年生枝开花结果（有叶有果）

②2 年生枝也开花结果（只有花果）

生理落果结束的 7 月中旬，按照每个果留 40 片叶的标准，疏掉多余果实

幼果

采收期晚的瓦伦西亚甜橙，达到成熟期的果实与今年的幼果出现在同一时期——5~6 月，树体负载量大。果后立即疏果，8 月下旬完成再次疏果，最终每个果留 80~100 片叶

　　肥料　萌芽前春季施肥、9 月秋季施肥、11 月上旬晚秋施肥，共 3 次施入混合肥料。

　　病虫害　出现最多的是溃疡病，雨少的地方和用塑料棚避雨时，几乎不发病，在雨多的地方栽培困难。

　　防治药剂用链霉素 1000 倍液，在 4~5 月台风前后喷布。一旦发现黑点病造成的枯枝，就要去除。

　　整枝、修剪　通过引缚等培养小型的主干

形或半圆形。

　　在萌芽前 2~3 月的修剪期，瓦伦西亚甜橙等还挂果的种类，需对主要枝条进行疏除修剪，采收后立即对细枝进行补充修剪。

　　● **生产优质果的要点**　为了防止遇到寒流造成落果，要喷布激素，必要时要进行套袋。

　　人工授粉　脐橙类都像温州蜜柑那样单性结实（无籽），没有必要进行人工授粉。

　　采收、贮藏　早熟脐橙类 12 月下旬采收、

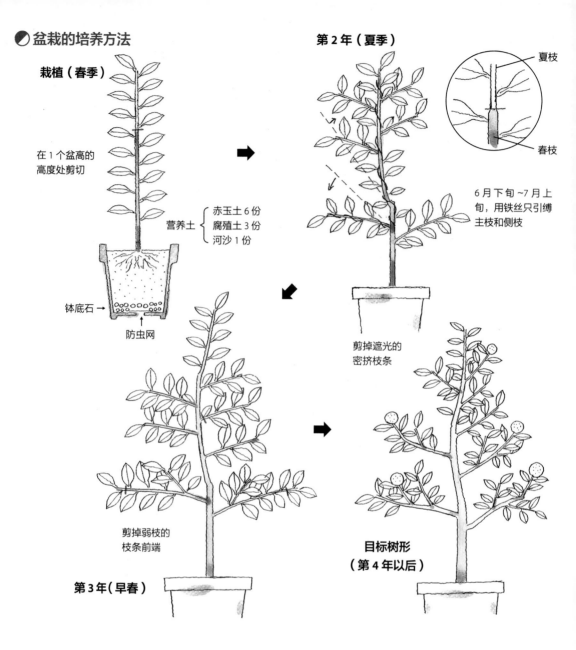

盆栽的培养方法

栽植（春季）

在1个盆高的高度处剪切

营养土
- 赤玉土6份
- 腐殖土3份
- 河沙1份

钵底石 →

防虫网

第2年（夏季）

夏枝

春枝

6月下旬~7月上旬，用铁丝只引缚主枝和侧枝

剪掉遮光的密挤枝条

第3年（早春）

剪掉弱枝的枝条前端

目标树形（第4年以后）

贮藏，2~3月品尝。福原甜橙与脐橙类同时采收贮藏，在温暖地区3月上旬采收贮藏，4~5月品尝。瓦伦西亚甜橙5~6月采收、品尝。装入聚乙烯塑料袋，在没有保温的室内（5~6℃）贮藏，果皮逐渐变黄后就能品尝。

● **盆栽的要点** 冬季移到室内，梅雨期移到避雨明亮的场所。

栽植 3~4月栽植在8号盆中。

放置场所 梅雨期放在避雨明亮的场所，或用塑料防雨布避雨。

施肥 3月和9月在盆边埋入玉肥。

整枝、修剪 标准树高是盆高的3倍左右，培养成模样木树形。

疏蕾 不需要。

人工授粉 脐橙等单性结实，没有必要进行人工授粉，但用其他种类的花粉授粉，结果

盆栽的管理

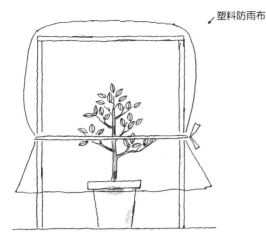

↙塑料防雨布

避雨 梅雨期盖上塑料防雨布避雨

越冬 冬季放在明亮的室内，作为观果盆景欣赏

人工授粉

脐橙等是单性结实，没有必要授粉。但用其他种类的花粉授粉结果更好

更好。

　　疏果 按照庭院栽植的疏果时期进行疏果，每盆留 3~5 个果。

　　换盆 想要结果，则每隔 1 年都要换盆1 次。

　　购买的盆栽的管理 放在光照好的场所。

● **防止果实返青**

　　初显黄色的果实，随着果实的膨大，果皮变绿的现象叫作返青，常见于瓦伦西亚甜橙、夏蜜柑、伊予柑等晚熟的蜜柑类。

　　返青的果实，外皮厚，果汁少，糖、酸都少，口感差。防止果实返青的措施就是在开始返青前，给果实套上厚厚的黑色牛皮纸袋，不要让果实见光。即使稍晚点，对开始返青的果实套袋也能防止返青。

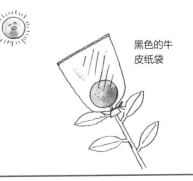

黑色的牛皮纸袋

柿子

柿树科

栽培适宜地区：甜柿在日本关东以西、涩柿在日本东北也能栽培

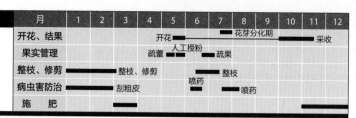

月	1	2	3	4	5	6	7	8	9	10	11	12
开花、结果					开花		花芽分化期				采收	
果实管理				疏蕾	人工授粉	疏果						
整枝、修剪			整枝、修剪				整枝					
病虫害防治			刮粗皮			喷药		喷药				
施肥												

庭院栽植的培养方法

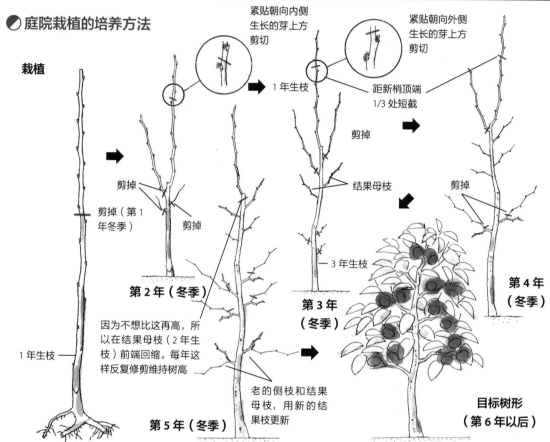

栽植

剪掉（第1年冬季）

剪掉　剪掉

1年生枝

第2年（冬季）

因为不想比这再高，所以在结果母枝（2年生枝）前端回缩。每年这样反复修剪维持树高

第5年（冬季）

老的侧枝和结果母枝，用新的结果枝更新

紧贴朝向内侧生长的芽上方剪切

1年生枝

剪掉

结果母枝

3年生枝

第3年（冬季）

紧贴朝向外侧生长的芽上方剪切

距新梢顶端1/3处短截

剪掉

第4年（冬季）

目标树形（第6年以后）

● 特点与性质　在日本古代就有的栽培改良果树，容易栽培，是庭院种植最多的种类。耐寒性强，在日本全国都能广泛栽培，但甜柿在秋凉季节早的地区不能完全脱涩，适合日本关东以西的温暖地区栽培。如果光照好，则对土质没有要求。

● 种类和品种　有甜柿和涩柿。甜柿有果肉不出现褐斑的完全甜柿，如没有雄花、果实扁平、大型果的富有，10月中旬成熟、四棱突出的前川次郎；还有果肉出现褐斑的不完全甜柿，如极早熟、大型果的西村早生，同时具备雌花雄花并且花粉量大用于授粉的球形中果禅寺丸等美味品种。

涩柿虽然是中型果，但不用授粉也能形成无籽果实的四沟等也可以。

中国的西条（涩柿）和日本九州的伽罗（柿）等地方特产，都体现了柿子适地适栽的特点。

● 栽培要点　只有雌花的品种附近一定要栽植买到的有雄花品种的苗木，或用枝条嫁接、进行人工授粉。

果实的着生方式

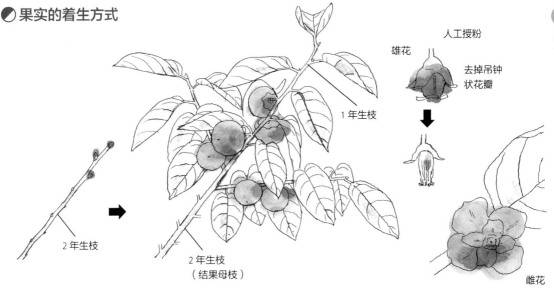

人工授粉
雄花
去掉吊钟状花瓣

雌花

1年生枝

2年生枝

2年生枝
（结果母枝）

疏果

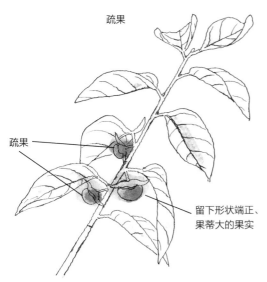

疏果

留下形状端正、果蒂大的果实

● 涩柿脱涩方法

　　大多品种涩柿的肉质比甜柿好。没有脱涩或做干柿没有后熟的柿子不能吃。脱涩方法有温水脱涩、酒精脱涩、二氧化碳脱涩等，最简单的方法是用酒精脱涩。

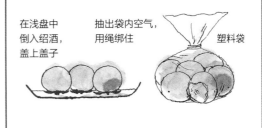

在浅盘中倒入绍酒，盖上盖子

抽出袋内空气，用绳绑住

塑料袋

　　栽植　适宜时期是在12月或3月。由于栽植伤害，所以一般栽植第1年生长发育不好。

　　灌水　栽植后干旱时灌水，此后若不是极端干旱则不灌水。

　　肥料　每年采收后施入干鸡粪、油渣、硫酸钾等化学肥料的混合肥料。

　　病虫害　1~2月，刮掉粗枝和干上的粗皮，消灭越冬害虫。为了防治落叶病、炭疽病、为害果实的蒂虫，6月中旬和7月下旬~8月上旬，

2次喷布甲基托布津（1500倍液）和杀螟硫磷（1000倍液）的混合液。

　　整枝、修剪　在落叶期的1月~3月上旬修剪。

　　● **生产优质果的要点**　避免施肥过量，避免重剪，适当进行果实管理。

　　疏蕾　每枝留2朵雌花，疏掉其他花蕾。

　　人工授粉　只有雌花的品种，要用雄花的花粉进行人工授粉。

　　疏果　生理落果结束后，每枝留1个果蒂

盆栽的培养方法

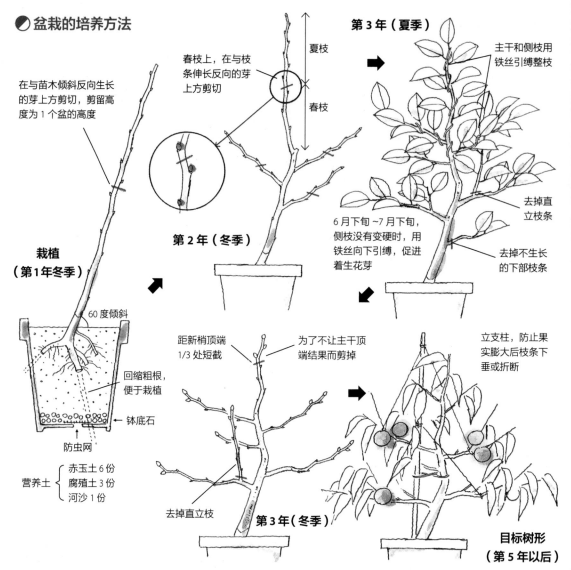

在与苗木倾斜反向生长的芽上方剪切，剪留高度为1个盆的高度

春枝上，在与枝条伸长反向的芽上方剪切

夏枝

春枝

第2年（冬季）

第3年（夏季）

主干和侧枝用铁丝引缚整枝

6月下旬~7月下旬，侧枝没有变硬时，用铁丝向下引缚，促进着生花芽

去掉直立枝条

去掉不生长的下部枝条

栽植
（第1年冬季）

60度倾斜

回缩粗根，便于栽植

钵底石

防虫网

营养土 ⎰ 赤玉土6份
　　　⎱ 腐殖土3份
　　　 河沙1份

距新梢顶端1/3处短截

为了不让主干顶端结果而剪掉

去掉直立枝

第3年（冬季）

立支柱，防止果实膨大后枝条下垂或折断

目标树形
（第5年以后）

大的果，疏掉其他果实。

采收　果实充分着红色后，每个果实留短果柄，用剪刀剪下。

● 盆栽的要点　为确保坐果，进行人工授粉。不要忘了每天浇水1次。

栽植　12月买到的苗木要假植，3月栽植到6~8号盆。

放置场所　放在有半天以上光照的地方。

施肥　3月，用拇指在盆边压入玉肥。

整枝、修剪　目标树高是盆高的2.5~3倍。最好培养成模样木或看台形。因为新梢生长后在枝条顶端形成花芽，所以不能剪掉枝条顶端。

疏蕾、疏果、授粉　按照每枝留1~2朵雌花疏蕾，开花时用雄花的花粉授粉确保坐果，按照每盆留2~5个果实的标准进行疏果，疏掉叶片少的枝条上的果实。

换盆　想要结果，每隔1年要换盆1次，结合疏果，恢复树势以利于结果。

购买的盆栽的管理　如果想放在室内观赏，要放在明亮的房间、光照好的地方，最多3天。别忘了灌水。

● 没有授粉树

富有、次郎、伊豆等品种，只有雌花，没有雄花，因此，只栽1株，几乎不结果。在旁边栽植有雄花的禅寺丸等品种，或人工授粉，就能结果。

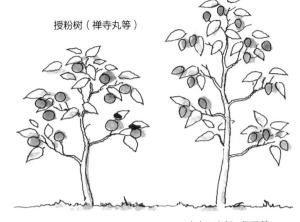

授粉树（禅寺丸等）

富有、次郎、伊豆等，没有雄花

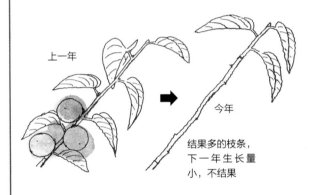

上一年

今年

结果多的枝条，下一年生长量小，不结果

● 上一年结果过多

上一年结果，枝枝压弯，今年花少，几乎没果。这种情况是因为结果过多，导致今年形成花芽的养分不足。如果希望下一年还能结果，通过修剪疏除枝条，疏蕾、疏果减少果实数量，进行适当的果实管理，降低树体消耗就可以了。

● 柿实虫的为害

膨大的幼果，在7月上旬吧嗒吧嗒开始落果，几乎要落完。这种情况很可能是柿实虫（柿蒂虫）为害造成的。6月和7月下旬~8月，发生2次，导致幼果期间落果。

6月上中旬、7月下旬~8月上旬喷布2次1000倍液的杀螟硫磷或巴丹。冬季刮粗皮，捕杀越冬幼虫。

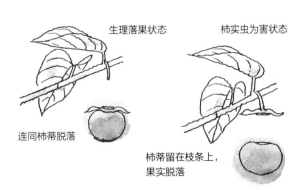

生理落果状态

柿实虫为害状态

连同柿蒂脱落

柿蒂留在枝条上，果实脱落

花梨 梨科

栽培适宜地区：日本北关东以北、中部高寒地带的冷凉地区

月	1	2	3	4	5	6	7	8	9	10	11	12
开花、结果				开花						采收		
果实管理				人工授粉、疏果								
整枝、修剪	修剪						整枝					
病虫害防治				喷药								
施 肥												

🌑 庭院栽植的培养方法

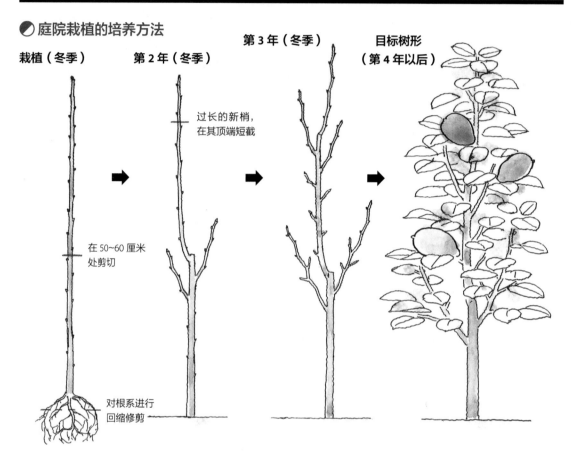

栽植（冬季）　第2年（冬季）　第3年（冬季）　目标树形（第4年以后）

过长的新梢，在其顶端短截

在50~60厘米处剪切

对根系进行回缩修剪

● **特点与性质**　原产地在中国，多产于山东省以南地区。常见于日本中部、关东以北各地，用作庭院树木和盆景。果实坚硬不能生吃，自古以来作为止咳等药用，最近对花梨酒的需求在不断增加，要重新认识花梨酒的药效。

● **栽培要点**　注意培养树形。

栽植　抗寒性强，在12月或3月栽植。盆栽最好在3月栽植。

灌水　如果盆栽，盆土一干就灌水。

肥料　不施肥栽培也行。10月~11月中旬施入干鸡粪、油渣、硫酸钾等化学肥料的混合肥料。

病虫害　为害果实的钻心虫是强敌。在5月套上报纸纸袋进行预防。

修剪　庭院栽植以疏除修剪为主，培养成3~3.5米的主干形。盆栽最好培养成模样木。为了形成短果枝，需少短截。

● **生产优质果的要点**　用笔蘸取花梨自身的花粉授粉。不进行疏蕾，但一定要疏果。

授粉　用自身的花粉授粉就能结果，一般

● 果实的着生方式

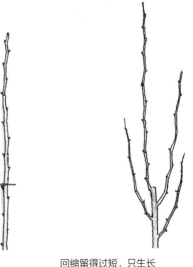

2年生枝开花结果

回缩留得过短，只生长
枝条，没有着生花芽

● 盆栽的培养方法

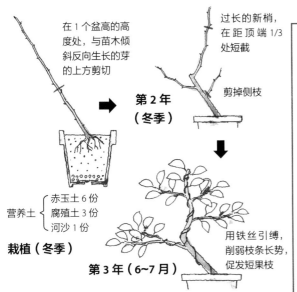

在1个盆高的高
度处，与苗木倾
斜反向生长的芽
的上方剪切

过长的新梢，
在距顶端1/3
处短截

剪掉侧枝

**第2年
（冬季）**

营养土 { 赤玉土6份
腐殖土3份
河沙1份

栽植（冬季）

第3年（6~7月）

用铁丝引缚，
削弱枝条长势，
促发短果枝

不需要进行人工授粉。用毛笔尖在花中来回转
动授粉，非常有效。

　疏果　为了使果实的形状和大小均匀一致，
去掉畸形果、膨大不好的果、被病虫为害的果等。

　采收　外皮变黄、坚硬，有芳香味溢出，
同时采收。加工成果酒和蜜饯时，要立即采收。

不结果是为什么呢?

● 实生苗结果差

　实生苗因为结果时期和果个大小等
各种因素的影响，导致结果差。栽植坐
果好的优良的嫁接苗，或用坐果好的枝
条嫁接培育。

嫁接方法

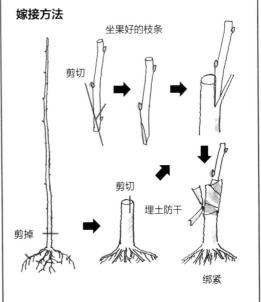

坐果好的枝条

剪切

剪切

埋土防干

剪掉

绑紧

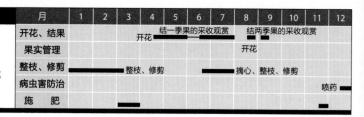

月	1	2	3	4	5	6	7	8	9	10	11	12
开花、结果				开花	结一季果的采收观赏			结两季果的采收观赏				
果实管理								开花				
整枝、修剪			整枝、修剪				摘心、整枝、修剪					
病虫害防治											喷药	
施　肥												

木莓类 蔷薇科

栽培适宜地区：夏季冷凉的日本东北中部以北和中部高寒地带

🌀 庭院栽植的培养方法：黑莓的篱笆形培养

栽植（冬季）

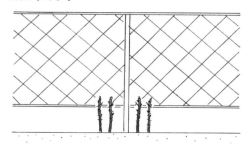

栽植与墙根高度相同的苗木（要想尽快扩大覆盖面积，最好栽植多株。第2年以后从地面抽出的萌蘖，不剪，引缚使用也可以）

第2年（春季）

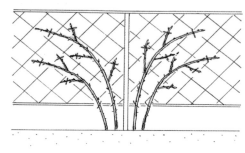

平衡好整体的枝条排布

第2年（冬季） 采收结束后，从根部剪掉

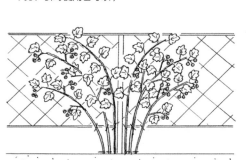

目标树形（第3年冬季以后）

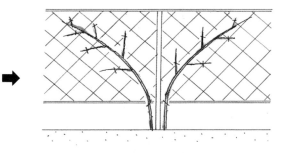

● **特点与性质** 最近作为庭院果树受到热捧。有低矮灌木和匍匐性的种类，这两种都有刺，最近日本的市场上有无刺和小刺的品种。如果光照好，栽培容易，对土质没有要求。

● **种类和品种** 大致分为树莓、黑莓2种。刺尖的黑莓不适合庭院栽培。庭院栽培最好选择无刺和刺小的品种。

在树莓中，结小红果的双季红、结黄果的金皇后、津巴布韦属于灌木，都可以进行庭院栽植。枝条具有匍匐性的黑莓，无刺黑果的冬福瑞，无籽常绿、红果的博伊森莓都丰产，是比树莓个大的推荐品种。

● **庭院栽植的要点** 木莓类抗寒性强，在北海道也能栽培，但黑莓采收期晚，适合温暖地区栽培。

栽植 盆栽苗逐渐用于生产，除冬、春季栽植外，9月也可以栽植。

肥料 施少量肥料就有产量。

树莓的灯笼形培养

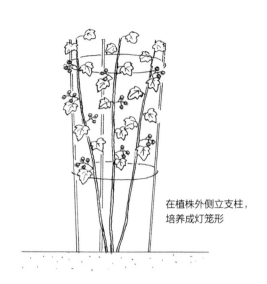

在植株外侧立支柱，培养成灯笼形

黑莓的棒形培养

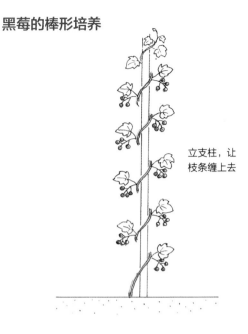

立支柱，让枝条缠上去

⚫ 果实的着生方式

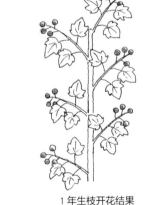

混合花芽　　　1 年生枝开花结果

采收

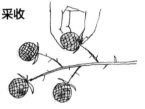

将树莓用 2~3 根手指捏起来

黑莓的果实与花托不分离，在果梗处剪断

病虫害　采收期雨多的年份，成熟的果实上经常出现灰霉病，导致果实腐烂。害虫主要是在枝条内部为害的蝙蝠蛾、寄生在枝条基部的介壳虫等。花后，喷布苯菌灵 2500 倍液或甲基托布津 1500 倍液 + 杀螟硫磷 1000 倍液混合液 2~3 次。

整枝、修剪　对于枝条具有直立性、长成丛状的树莓，在植株外侧立支柱，培养成灯笼形或篱笆形，便于整枝管理、采收。若黑莓的枝条趴在地上，在枝条前端生根，可利用围栏等培养成篱笆形或缠在支柱上培养成棒状形。

●**生产优质果的要点**　注意修剪、做树形。

授粉　因为用自身的花粉授粉就能结果，所以一般没有授粉的必要。

采收　树莓成熟后，果实与花托容易分离，要捏起来采收。黑莓与草莓一样果实与花托不分离，需带蒂剪掉花梗采收。

●**盆栽的要点**　注意做树形。

盆栽的培养（以树莓为例）

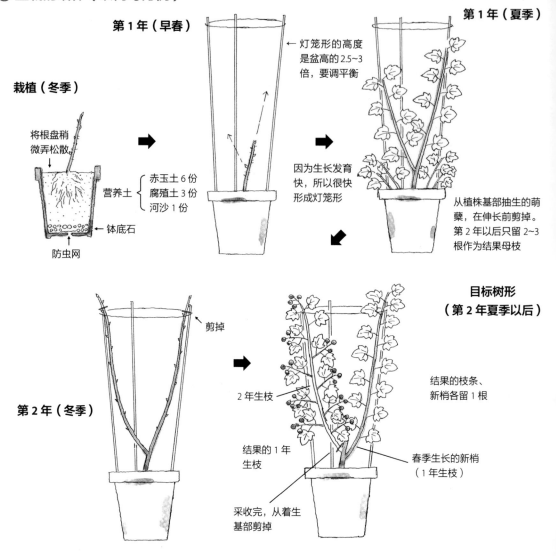

栽植（冬季）

将根盘稍微弄松散

营养土 { 赤玉土6份 腐殖土3份 河沙1份 }

钵底石

防虫网

第1年（早春）

第1年（夏季）

← 灯笼形的高度是盆高的2.5~3倍，要调平衡

因为生长发育快，所以很快形成灯笼形

从植株基部抽生的萌蘖，在伸长前剪掉。第2年以后只留2~3根作为结果母枝

第2年（冬季）

剪掉

目标树形（第2年夏季以后）

2年生枝

结果的1年生枝

采收完，从着生基部剪掉

结果的枝条、新梢各留1根

春季生长的新梢（1年生枝）

栽植 3月栽植在6~8号盆。

放置场所 放在通风、光照好的地方。因为耐寒性强，所以没有必要防寒。

施肥 3月施入3~4个玉肥。

整枝、修剪 因为树莓有直立性而长成丛状，所以培养成灯笼形。新梢生长超过灯笼形时，在枝条前端摘心，促发侧枝，作为下一年的结果母枝。

黑莓的苗木栽植后，同样要立2米高的支柱引缚，新梢经过1~2年长成2米高（生长发育好的1年就能长成），作为结果母枝。发芽前，树莓按照灯笼形从下向上缠绕2~3圈进行引缚，也可以在长枝前端下剪。

换盆 如果每隔1年换盆1次维持树势，每年都能见产量，但是第3~4年换成新植株比较好。

自用苗的育苗方法

木莓苗木在果树苗木专业店越来越难买到。在园艺中心和邮购买到的比较可靠。此时标清品种名称非常重要。

根据下面的方法，容易培育自用苗。

● 树莓的培育

从根部抽生的新梢（根蘖），落叶后挖出来，或者6月上旬挖出新梢（绿枝），栽在小盆中，作为苗木培养。

● 黑莓的培育

新梢前端（也含副梢）埋入土中容易生根，按照树莓的方法培育苗木。

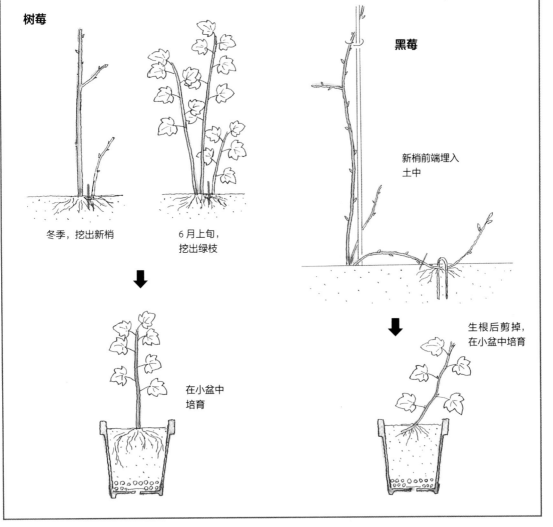

树莓

冬季，挖出新梢

6月上旬，挖出绿枝

在小盆中培育

黑莓

新梢前端埋入土中

生根后剪掉，在小盆中培育

猕猴桃

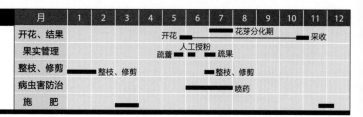

猕猴桃科

栽培适宜地区：日本关东以西太平洋沿岸风少的温暖地带

月	1	2	3	4	5	6	7	8	9	10	11	12
开花、结果					开花 ▬		花芽分化期 ▬			▬ 采收		
果实管理				疏蕾 ▬ 人工授粉 ▬ 疏果								
整枝、修剪	▬ 整枝、修剪						▬ 整枝、修剪					
病虫害防治						▬▬▬▬ 喷药						
施　肥			▬			▬					▬	

庭院栽植的培养方法：背头形的培养

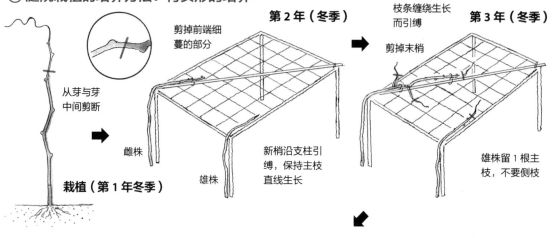

栽植（第1年冬季）
从芽与芽中间剪断

剪掉前端细蔓的部分

第2年（冬季）
雌株
雄株
新梢沿支柱引缚，保持主枝直线生长

第3年（冬季）
为了不让雌株枝条缠绕生长而引缚
剪掉末梢
雄株留1根主枝，不要侧枝

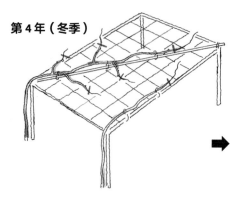

第4年（冬季）

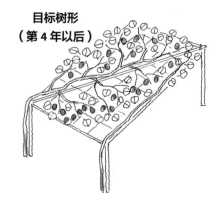

目标树形（第4年以后）

● 特点与性质　从中国野生的鬼木天蓼到新西兰改良、雌雄异株、蔓性果树。最适合作为庭院果树，在风少、光照好的地方容易栽培。

● 种类和品种　海沃德在猕猴桃中果个是最大的，大果单果重100克，为11月中旬成熟的晚熟品种。艾博特是单果重60~70克的小型果，味甜、结果早、易坐果，是庭院园艺的好品种。绿色果肉、汁浓、早熟、10月下旬采收的香绿和大果的松岗都是日本的品种。雄株有马图阿、陶木里2个品种。

● 栽培要点　注意枝条不要过密，不仅要进行冬季修剪，还要进行夏季枝条的管理。

栽植　在阳光充足的地方，搭建好夏季遮阳的棚架，确定好种植的位置。与雄株一样，栽植在同一棚架同一侧的另一角。如果土层深厚，则对土质没有要求。

灌水　土层深厚的地方没有必要灌水，但易干的土壤会造成叶片枯萎，就要灌水。

病虫害　在风少的地方就不会受到危害，但有花腐细菌病、溃疡病。

50

果实的着生方式与果实管理

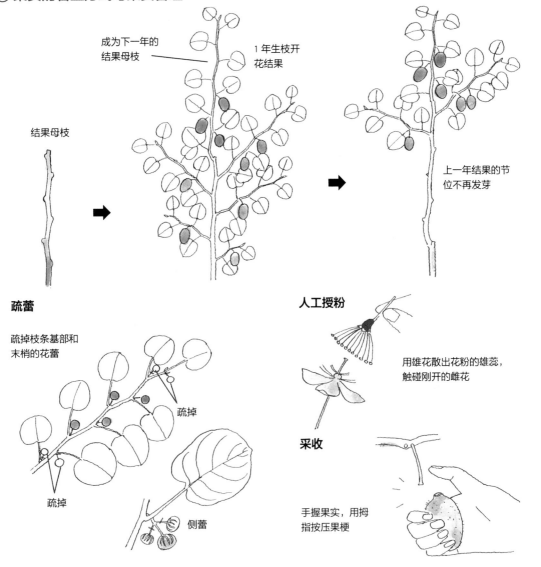

成为下一年的结果母枝

1年生枝开花结果

结果母枝

上一年结果的节位不再发芽

疏蕾

疏掉枝条基部和末梢的花蕾

疏掉

疏掉

侧蕾

人工授粉

用雄花散出花粉的雄蕊，触碰刚开的雌花

采收

手握果实，用拇指按压果梗

整枝、修剪　在家里搭建2米高的棚，培养成1根主枝的背头形，也便于管理，适合观赏。主枝经过2~3年的生长，在其左右配置侧枝和结果母枝。

●**生产优质果的要点**　注意不要结果过多，疏蕾、疏果不要晚了。

疏蕾　与疏果相比，主要是疏蕾。标准是，长果枝上，果实膨大较好的中间花蕾留4~6个，短果枝留2个。

人工授粉　雌花50%开花和全开时，2次人工授粉。将雄花散出花粉的雄蕊触碰刚开的乳白色雌蕊的柱头，进行授粉。

疏果　开花1个月后的6月下旬~7月上旬疏果。60厘米以上的长果枝留4~5个果，中果枝（40~60厘米）留3个果，短果枝留1个果，棚架按照每平方米留20个果。

采收　进入11月下霜前采收，一次性采收完。

● 盆栽的培养方法：灯笼形

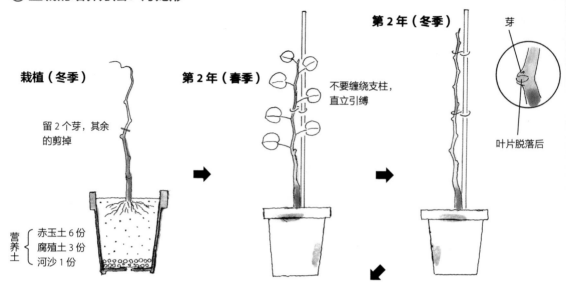

栽植（冬季）

留 2 个芽，其余的剪掉

营养土
- 赤玉土 6 份
- 腐殖土 3 份
- 河沙 1 份

第 2 年（春季）

第 2 年（冬季）

不要缠绕支柱，直立引缚

芽

叶片脱落后

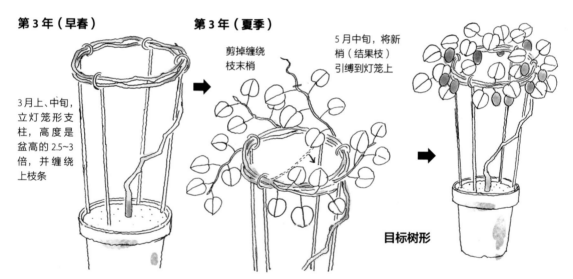

第 3 年（早春）

3 月上、中旬，立灯笼形支柱，高度是盆高的 2.5~3 倍，并缠绕上枝条

第 3 年（夏季）

剪掉缠绕枝末梢

5 月中旬，将新梢（结果枝）引缚到灯笼上

目标树形

后熟　刚采的果实硬、酸味浓，采后立即用塑料袋密封，装入纸箱等容器中，放在 20℃左右的地方。进一步后熟，10~14 天就可以吃。

● **盆栽的要点**　一般培养成灯笼形。不耐旱，注意灌水。

栽植　落叶期购买的盆栽苗，在 3 月萌芽前的栽植时期，要灌水越冬。栽植时，抖落贴盆的土，不剪根系，让其在盆内充分舒展。

放置场所　放在光照好的地方。耐寒性强，能在户外越冬。喜好水分，夏季要充分灌水。

整枝、修剪　随着新梢的生长，第 3 年春季将枝条缠在灯笼形上，抽出的新梢结果。

疏蕾、人工授粉　与庭院栽植一样，要仔细。

疏果　每枝留 2~3 个果，整盆留 8~10 个果，留形状好的大果。

购买的盆栽的管理　在明亮的走廊和阳台观赏。若放入室内，不久下部叶片就会发黄脱落。

● 留枝过多

　　虽说树体壮时结果好，但最近听说树体壮时只在边上结果。猕猴桃树势强旺，非常喜光，枝条过于茂盛，叶片密挤，中心部位的光照不足，就不结了。

　　通过冬季修剪，每平方米留1~2根结果母枝，间隔30~40厘米，7月上旬修剪缠绕枝，架面要平均配置枝条。

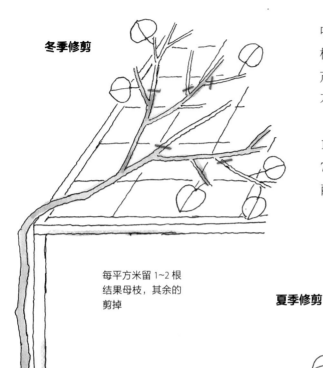

冬季修剪

每平方米留1~2根结果母枝，其余的剪掉

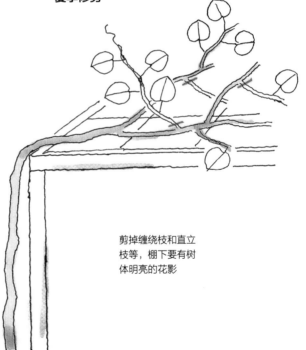

夏季修剪

剪掉缠绕枝和直立枝等，棚下要有树体明亮的花影

● 上一年结果过多

　　猕猴桃幼果发育快，开花后30~50天能膨大到采收时的80%。因此，疏蕾不细致、疏果迟，结果数量过多，会加快树体消耗，导致下一年成花差。长果枝中部4~6个、短果枝2个，按照此标准留花蕾，疏掉多余花蕾。另外，一个地方有2~3个花蕾时，留中间的1个。

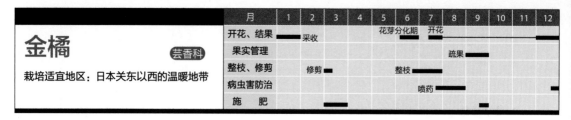

金橘

芸香科

栽培适宜地区：日本关东以西的温暖地带

月	1	2	3	4	5	6	7	8	9	10	11	12
开花、结果	采收					花芽分化期	开花					
果实管理								疏果				
整枝、修剪		修剪				整枝						
病虫害防治							喷药					
施　肥												

🌑 庭院栽植的培养方法

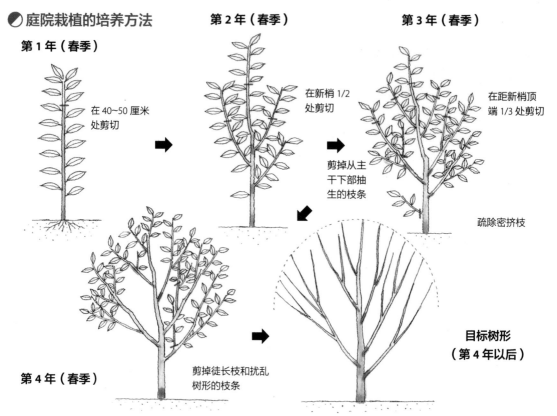

第1年（春季）

在40~50厘米处剪切

第2年（春季）

在新梢1/2处剪切

第3年（春季）

在距新梢顶端1/3处剪切

剪掉从主干下部抽生的枝条

疏除密挤枝

第4年（春季）

剪掉徒长枝和扰乱树形的枝条

目标树形（第4年以后）

● **特点与性质** 原产于中国南部，耐寒性与温州蜜柑相当，但在温暖地区品质好、产量高。在东京以西的温暖地带，庭院栽植也容易。

树高度较低（1.5米左右）、枝展1.5米左右的小型树木，最适合作为常绿的庭院树木。

● **种类和品种** 长金橘、宁波金橘属于小果，单果重10~13克。长金橘果实为长椭圆形，味稍甜，树势稍强；宁波金橘果实为球形，甜味浓，是好吃的品种。还有金弹、圆金橘，但日本市场上的苗木没有区别。

● **庭院栽植的要点** 种植在冬季没有冷干风、向阳、土层深厚的地方。

栽植 寒潮过去的3月栽植。

灌水 栽植后紧接着干旱，要灌水。此后如果不是连续干旱，不要灌水。

肥料 每年采收后，施入干鸡粪、油渣、硫酸钾等化学肥料的混合肥料。

病虫害 新芽露出时，有蚜虫为害，再加上介壳虫为害，会引发煤污病。用杀螟硫磷（1000倍液）与大生等杀菌剂混合喷布。若

🌑 树篱的培养

第 1 年（春季）

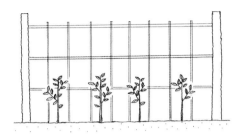

苗木按照 50 厘米间隔栽植，随着枝条的生长引缚成树篱

大约 5 年完成

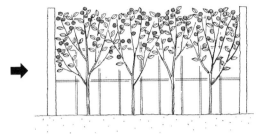

像植树一样剪齐，疏除长的枝条，枝条木梢规整一致，就形成结果的树篱

🌑 果实的着生方式与果实管理

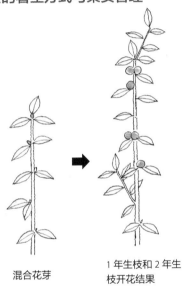

混合花芽

1 年生枝和 2 年生枝开花结果

疏果

开花越早，果个发育越大，所以果实大小不一致。7 月末以后开的花会结小果，即使再晚，也要在 9 月中旬剪掉。10~15 厘米长的枝条留 2~3 个果。整树挂果要均匀

凤蝶幼虫为害叶片，则在能看见若虫时捕杀。持续干旱会导致螨类发生，但会减少病虫害发生种类。

整枝、修剪　2~3 根主枝培养成扫帚状。疏除密挤枝，改善树冠内堂光照，防止结果部位外移。此树为小型树体，萌芽率高，最好做成树篱。

● **生产优质果的要点**　一定要进行疏果。

授粉　在蜜柑类中开花最晚，7 月中、下旬开花。用自身花粉授粉就能结果，没有必要进行人工授粉。

采收　从 11 月末（开花后 150 天）开始，果皮的甜味增加，黄色加深变成黄橙色。达到黄橙色后，用剪刀剪断果梗采收。

果实遇霜会产生冻害，如果霜害加重，就用小竹子盖住树冠，或提早覆盖塑料防雨布防霜。

● **盆栽的要点**　注意整枝、修剪，不要让枝条过密。

栽植　3 月，用赤玉土 6 份、腐殖土 3 份、

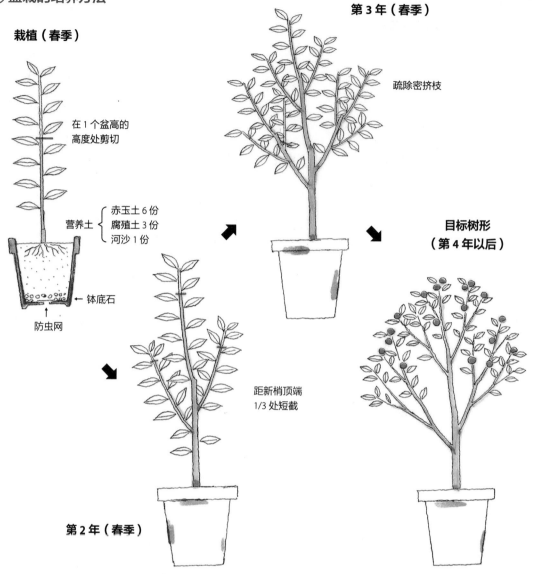

栽植（春季）

在 1 个盆高的
高度处剪切

营养土 { 赤玉土 6 份
腐殖土 3 份
河沙 1 份

钵底石

防虫网

第 3 年（春季）

疏除密挤枝

**目标树形
（第 4 年以后）**

距新梢顶端
1/3 处短截

第 2 年（春季）

河沙 1 份混配的营养土栽植。

　　放置场所　耐热，也可久放于夕阳照射的
场所。冬季，避开向阳处的霜害和寒风，搬回
来放到屋檐下等处越冬。

　　肥料　3 月施入 3~4 个玉肥。

　　整枝、修剪　以疏除修剪为主，培养成扫
帚状或看台形。

　　疏果　每枝留 1~2 个果，每盆留 10 个果。

　　换盆　每隔 1 年换盆 1 次。

　　● **购买的盆栽的管理**　有色树木可以作为
挂果的盆景，放在明亮的室内供观赏。但要在
1 月中旬采收，以恢复树势。

　　每隔 1 年换盆 1 次，疏果，充足施肥，如
果营养富足，每年都能见到漂亮的果实。另外，
12 月~第 2 年 1 月中旬作为观果时期，采后树
势恢复时间较长。

● **树势弱**

经常被问到，盆栽上一年结果很好，今年就没有果，到底是为什么呢？

原因是结果过多，没有换盆引起盘根，造成营养不足。

要想结果，每隔1年换盆1次

剪掉1/3老根，促发新根

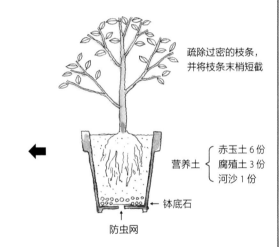

疏除过密的枝条，并将枝条末梢短截

营养土 { 赤玉土6份 / 腐殖土3份 / 河沙1份 }

←钵底石

防虫网

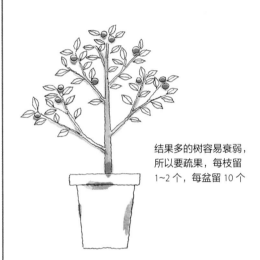

结果多的树容易衰弱，所以要疏果，每枝留1~2个，每盆留10个

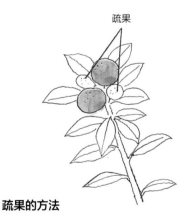

疏果

疏果的方法

枝条末梢果实数量多，选形状好、个大的留2个，其他的疏掉

● **果实多时，疏果**

即使是1~2年生的金橘嫁接苗，第3年也会开花结果。即使生长慢、树体小，也能结果。春季生长的新梢和上一年夏季生长的2年生枝结果，但并不是同时开花，1年开3次花、结3次果。因为树体小，所以结果后如果一直不采，会导致树势衰弱。因为开花越早果实越大，所以果实大小不一致。枝条末梢结果多，9月中旬从小果开始疏果，留大果。

月	1	2	3	4	5	6	7	8	9	10	11	12
开花、结果				开花 ████████████ 采收								
果实管理			喷生长调节剂 ███									
整枝、修剪		修剪 ██					整枝 ██					
病虫害防治			喷药 ██									
施 肥										████████		

茱萸 〔胡颓子科〕

栽培地区：落叶树种在日本全国，常绿树种在日本关东以西栽培

🅾 庭院栽植的培养方法

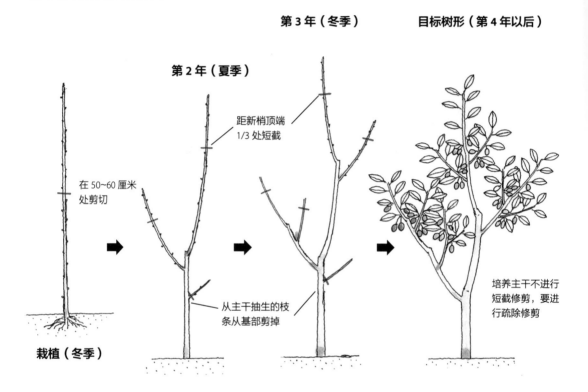

第2年（夏季）　第3年（冬季）　目标树形（第4年以后）

在50~60厘米处剪切

栽植（冬季）

距新梢顶端1/3处短截

从主干抽生的枝条从基部剪掉

培养主干不进行短截修剪，要进行疏除修剪

● **特点与种类**　山野中自然生长的种类很多，但日本的苗木市场上作为果树出售的经常是大王茱萸（吃惊茱萸）。下面，以此品种进行介绍。

●**栽培要点**　因其直立性，庭院栽植时培养成主干形。要培养主干，就不要进行短截修剪，要以疏除修剪为主，疏除过密的枝条。盆栽要培养成模样木。

栽植　因为抗寒性强，所以12月~第2年3月都能栽植，盆栽在3月栽植。对土质没有要求。

灌水　庭院栽植，除了栽植后灌水以外，没有必要灌水。如果是盆栽，盆土干了就要灌水。

肥料　不施肥料，生长发育也很好。10月~11月中旬施入干鸡粪、油渣、硫酸钾等化学肥料的混合肥料。

病虫害　没有发现病害，但从萌芽期到新梢生长期要防止蚜虫为害。

● **生产优质果的要点**　因为坐果差，所以要用赤霉素处理。没有必要疏蕾、疏果。

采收　依次采收红色变软的果实。没有充分着红色的果实，并不是只有酸味浓，还有强

盆栽的培养方法

目标树形

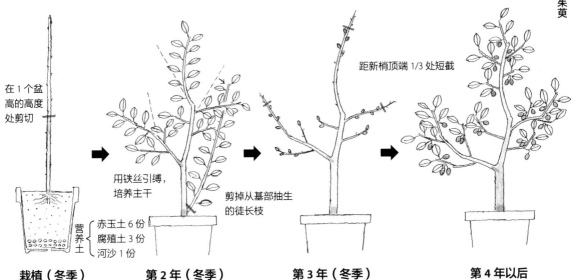

在1个盆高的高度处剪切

营养土 { 赤玉土6份 / 腐殖土3份 / 河沙1份 }

栽植（冬季）

用铁丝引缚，培养主干

剪掉从基部抽生的徒长枝

第2年（冬季）

距新梢顶端1/3处短截

第3年（冬季）

第4年以后

果实的着生方式

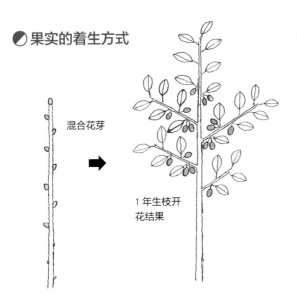

混合花芽

1年生枝开花结果

烈的涩味，不能吃。因为果皮薄容易变质，所以采后立即生吃，或用于制作果酒。

另外，常绿的羊奶子和蔓茱萸、圆叶胡颓子、落叶性的木半夏等野生茱萸，用插条很容易就能培育成苗木。6月用绿枝密闭扦插，或落叶树种4月用落叶的枝条做插条，都容易生根。利用野生树的枝条做插条，要选择生长发育良好的1年生枝。

不结果是为什么呢?

● **赤霉素处理**

因为大王茱萸用自身的花粉授粉不能结果，所以即使大多数花开了，还会出现坐果不良的现象。在花的盛开期和2周后，用赤霉素1万倍液喷布2次，坐果良好。根据赤霉素的作用，没有授粉也能形成果实（单性结实）。用小型喷雾器便于喷布。

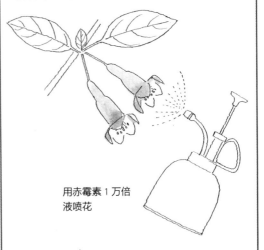

用赤霉素1万倍液喷花

月	1	2	3	4	5	6	7	8	9	10	11	12
开花、结果				花芽分化期		开花		采收				
果实管理						人工授粉						
整枝、修剪	修剪					整枝						
病虫害防治						捕杀	喷药					
施　肥												

板栗

胡颓子科

栽培适宜地区：在日本全国都能栽培，产地在关东以西

🥢 庭院栽植的培养方法

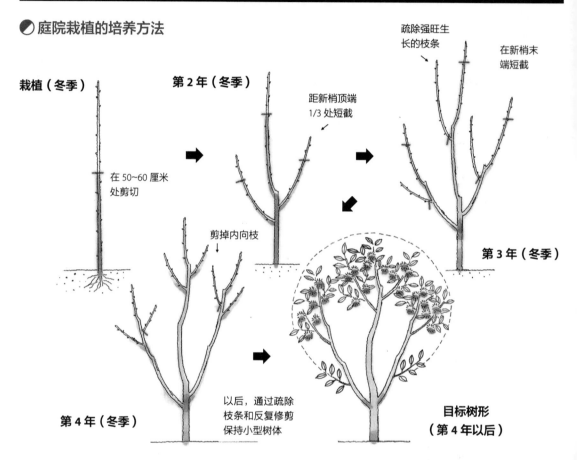

栽植（冬季）
在 50~60 厘米处剪切

第 2 年（冬季）
距新梢顶端 1/3 处短截
剪掉内向枝

疏除强旺生长的枝条
在新梢末端短截

第 3 年（冬季）

第 4 年（冬季）
以后，通过疏除枝条和反复修剪保持小型树体

目标树形（第 4 年以后）

● **特点与性质**　日本全国野生的小粒柴栗是日本板栗的原生种，是从古代遗址中出土的。中国板栗中有名的天津甘栗原产于华北地区，用于制作蜜饯栗子的欧洲板栗原产于地中海沿岸。

由于是乔木，很难像苹果和葡萄那样通过集约化管理栽培，所以一般不适合作为庭院果树栽培。

因为非常不耐阴，所以如果光照充足、土层深厚，在日本全国都能栽植。

● **种类和品种**　日本的市场上有销售抗栗瘿蜂的日本板栗苗木。9 月上旬成熟的早熟大粒丹泽、9 月下旬成熟的品质上乘的筑波、10月上中旬成熟的坐果率高的石锤，都是大粒品种，可以试栽。

各地都有抗栗瘿蜂的地方特产品种，可以关注一下当地品种。

● **栽培要点**　因为用自身的花粉授粉坐果

果实的着生方式与果实管理

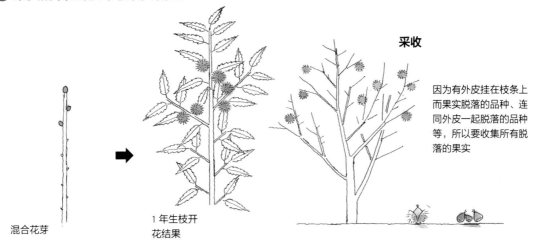

混合花芽

1 年生枝开花结果

采收

因为有外皮挂在枝条上而果实脱落的品种、连同外皮一起脱落的品种等，所以要收集所有脱落的果实

果实的贮藏

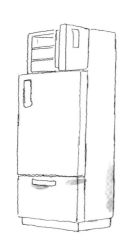

为害果实的害虫有柞栎象、栗实蛾等。采收后立即将果实放在水中浸泡 12 小时，除虫后，冷冻，或放入湿沙中贮藏

枝枯病的预防

60 厘米

落叶后从近地处到 60 厘米的树干涂抹石灰液。修剪后的剪口和树干的伤口等用甲基托布津溶液涂抹

不良，所以最好 2 个以上品种近距离栽植，靠风授粉。

栽植 因为日本的市场上销售预防冻害的高接苗木，所以可以在 12 月或 3 月栽植苗木。

肥料 采收后施混合肥料。

病虫害 害虫有天牛，咬开树皮，进入木质部取食，并排出木屑，导致树势衰弱，6 月下旬用噻虫啉 50 倍液在主干喷布或用刷子涂抹。吃嫩叶的樟蚕和吃果实的桃蛀螟，可喷布敌百虫 1000 倍液。

导致幼树时期抽生的枝条和树木枯死的重度病害——枝枯病，从近地处到 60 厘米的树干涂抹石灰液预防，修剪后的剪口和树干的伤口等用甲基托布津溶液涂抹预防。

整枝、修剪 作为主干每年在距新梢顶端 1/3 处短截，5~6 年后以疏除修剪为主。

● **生产优质果的要点** 从光照好的地方发出的粗枝，能结好果。通过疏除修剪等，改善

61

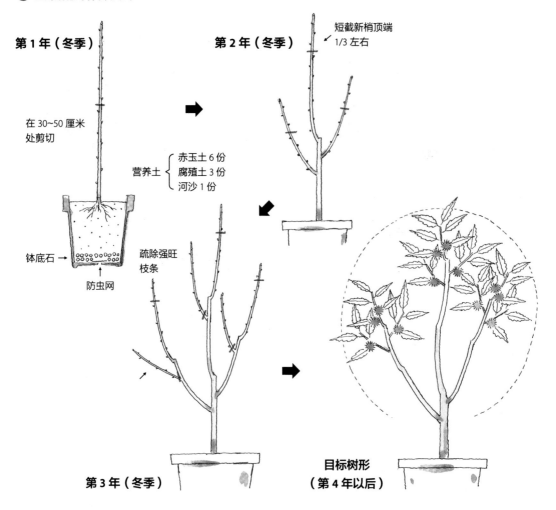

第1年（冬季）

在30~50厘米处剪切

营养土 { 赤玉土6份 / 腐殖土3份 / 河沙1份 }

钵底石 →

防虫网

第2年（冬季）

短截新梢顶端 1/3 左右

疏除强旺枝条

第3年（冬季）

目标树形（第4年以后）

整树的光照条件。

采收、贮藏　刺毛变为黄褐色后，外皮裂开，果皮着色，即为采收期。

虽有外皮挂在枝条上而果实脱落的品种和连同外皮一起脱落的品种，但都是充分成熟脱落的，所以都要收集起来。除掉果实的害虫后冷冻，或放在湿沙中贮藏。

●盆栽的要点　用其他品种进行人工授粉。

栽植　3月栽植在6~8号盆。

放置场所　生长期放在光照好的地方。虽然抗寒性强，但树干基部易受冻害，所以要放到避霜的屋檐下。

施肥　3月施玉肥。

整枝、修剪　通过短截修剪，大约3年培养成主干形。从第3年开始结果。要想连续结果，就要通过疏除修剪，保证枝条不太密。

人工授粉　雌花的雌蕊露出时，用其他品种雄花穗散出的花粉进行授粉。

疏果　按照1果/枝、每盆3~5个刺球的标准，生理落果结束后，7月下旬疏掉多余刺球。

换盆　每隔1年换盆1次。

● 回缩枝条，缩小树冠

　　板栗放任生长就会长成高大乔木，不主张作为庭院果树栽培。过大的树木在落叶期剪掉主枝，利用发出的新枝重新培养小型树体。对过长的枝条，留适当长度短截，从基部疏除密生枝条。剪口用甲基托布津溶液涂抹，不要造成枝条枯死。

在小枝条的上方回缩

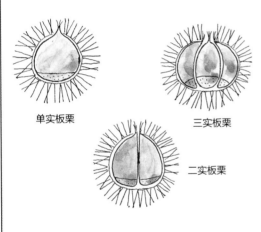

单实板栗

三实板栗

二实板栗

● 三实板栗的管理方法

　　最好的是 1 个刺球结 3 个板栗的三实板栗。在雌蕊的柱头中，中间的柱头比两边的柱头早 10 天露出，中间的柱头早早授粉，就会形成单实板栗。三实板栗大多是在雌蕊的顶端露出后 2~3 周期间授粉形成。因此，盆栽进行人工授粉，最好是在看见雌蕊柱头后 2~3 周进行。这样，就要提早采集其他品种的花粉，放入冷库贮藏，等到雌蕊开放适期授粉。

盆栽要用其他品种
雄花穗的花粉授粉

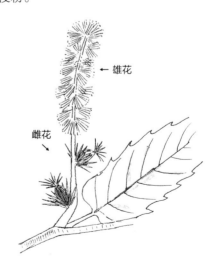

← 雄花

雌花 →

核桃

胡桃科

栽培适宜地区：日本中部高寒冷凉地带雨少的地区

月	1	2	3	4	5	6	7	8	9	10	11	12
开花、结果				开花			花芽分化期		采收			
果实管理				人工授粉								
整枝、修剪	修剪											
病虫害防治						捕杀害虫						
施　肥												

庭院栽植的培养方法

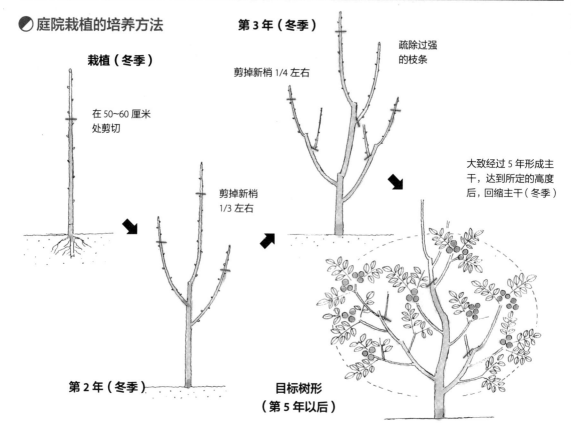

栽植（冬季）

在 50~60 厘米处剪切

第 2 年（冬季）

剪掉新梢 1/3 左右

第 3 年（冬季）

剪掉新梢 1/4 左右

疏除过强的枝条

大致经过 5 年形成主干，达到所定的高度后，回缩主干（冬季）

目标树形（第 5 年以后）

● **特点与种类**　与其说是果树，不如说是山野中能结出果实的树木。只有长成高大的乔木，才能结出果实。

栽培最多的是日本长野县，大多选择的是信铃、晚春等优质核桃品种。

● **栽培要点**　因为庭院栽植易长成高大的乔木，所以一定要注意树形培养。

栽植　12 月得到的嫁接苗，在 12 月～第 2 年 3 月栽植。盆栽则在 3 月栽植。

肥料　庭院栽植在 11 月中旬施入干鸡粪、油渣、硫酸钾等化学肥料的混合肥料。盆栽的应于 3 月在盆边埋入玉肥。

病虫害　几乎不见害虫，但从梅雨期开始会有同样为害葡萄和板栗的蝙蝠蛾蛀食树干，所以要用铁丝插入虫洞捕杀幼虫。

整枝、修剪　因其直立性，所以庭院栽植时培养成主干形。经过 5~6 年，主干的周长到 30 厘米，开始抽枝、结果，主干高度达到 2~2.5 米时回缩。培养主干时要对枝条进行疏除修剪。盆栽要培养成主干形，为了不让枝条密挤，需要进行修剪。

● **生产优质果的要点**　庭院栽植时，要栽

🌑 果实的着生方式

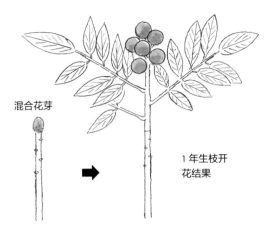

混合花芽

1 年生枝开花结果

采收

外皮裂开时，取出里面的果实、干燥

🌑 盆栽的培养方法

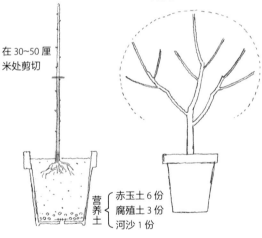

栽植（冬季）

在 30~50 厘米处剪切

营养土 ┌ 赤玉土 6 份
│ 腐殖土 3 份
└ 河沙 1 份

目标树形

经过 3~4 年，培养成主干形，高度是盆高的 2.5~3 倍

植 2 个以上花期相同的品种，确保授粉。

授粉　因为是高大乔木，所以人工授粉困难。如果是盆栽，则要采集比雌花先开放的品种（雄先行品种）的雄花花粉，放在白纸上包好，装入茶叶桶中，并放入干燥剂，放在冷库中贮藏，等到雌花开放时授粉。

采收　捡拾成熟脱落的果实，或有 70%~80% 外皮裂开成熟的果实后，用竹竿等打落树上的果实并采收，取出果实，水洗、干燥。

不结果是为什么呢?

● 没有授粉

　　核桃能用自身的花粉授粉结实，但因为雄花和雌花开放时期有差异，所以只栽 1 株树，授粉的机会少，结果不良。雄花、雌花开花期重叠的 3 个品种混栽，结果非常好。

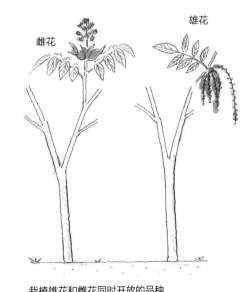

雌花

雄花

栽植雄花和雌花同时开放的品种

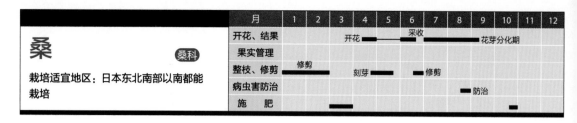

桑 桑科

栽培适宜地区：日本东北南部以南都能栽培

⬤ 庭院栽植的培养方法：一字形培养

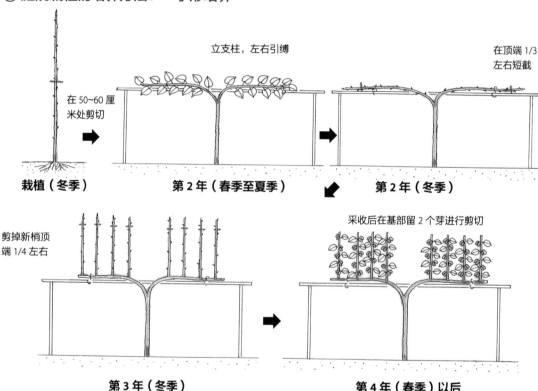

栽植（冬季）

在50~60厘米处剪切

立支柱，左右引缚

第2年（春季至夏季）

在顶端1/3左右短截

第2年（冬季）

剪掉新梢顶端1/4左右

第3年（冬季）

采收后在基部留2个芽进行剪切

第4年（春季）以后

● 特点与种类　桑作为蚕的饲料栽培，以采叶为目的，但饲用桑也结果。小时候，吃过桑葚把嘴染成紫红色，有这种经历的人也不少。

饲用桑有很多品种，在日本，一般选择优质叶片、产量大的品种栽培。但在西亚、地中海地区有培育成的果用品种，日本也审定了名为"土耳其"的品种。

● 栽培要点　要防治蛀食枝干的害虫。

栽植　在3月萌芽前栽植。

肥料　庭院栽植时，在10月下旬和3月共2次施入干鸡粪、油渣、硫酸钾等化学肥料

的混合肥料。盆栽时，在10月和3月共2次施入玉肥。

病虫害　若是有美国白蛾，应在幼虫期连同叶片摘除捕杀。枝干在被害虫蛀食前涂抹杀虫剂进行预防。

● 生产优质果的要点　因为同一部位结多个果实，所以要进行疏果。

整枝、修剪　因为放任生长能长成高大乔木，所以庭院栽植培养成一字形，采收后修剪，抽生的枝条作为下一年的结果枝培养，通过冬季修剪，保留长度为50~60厘米。

🌓 盆栽的培养方法

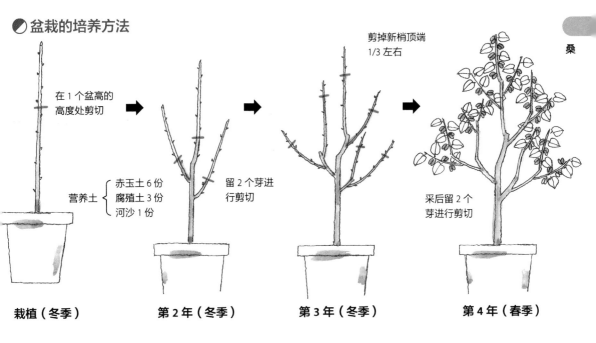

在1个盆高的高度处剪切

营养土 { 赤玉土6份 腐殖土3份 河沙1份 }

留2个芽进行剪切

剪掉新梢顶端1/3左右

采后留2个芽进行剪切

桑

栽植（冬季）　**第2年（冬季）**　**第3年（冬季）**　**第4年（春季）**

🌓 果实的着生方式

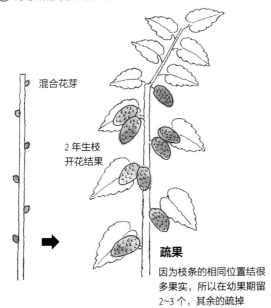

混合花芽

2年生枝开花结果

疏果
因为枝条的相同位置结很多果实，所以在幼果期留2~3个，其余的疏掉

● 土耳其桑是什么呢?

与普通的桑相比，土耳其桑果实大，纵径3厘米、横径1.5厘米，单果重2~2.3克，与其他饲用品种比，是其2~3倍大。土耳其桑是树势旺、结果多的丰产品种。除了生吃，还能加工成果酱、果冻、果汁、果酒等。

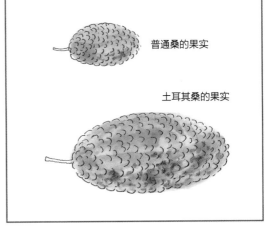

普通桑的果实

土耳其桑的果实

盆栽时留4~5根结果枝。

采收　到了5月下旬果实开始转为红色，6月上中旬转为浓紫色后便成熟。因为果皮薄，容易受伤变质，所以采收后立即生吃，或加工。叶片除了制作桑茶，当然也可以作为蚕的饲料。

月	1	2	3	4	5	6	7	8	9	10	11	12
开花、结果			开花 ■■■			采收 ■■	花芽分化期 ■■■					
果实管理			人工授粉 ■■									
整枝、修剪	■■		整枝、修剪 ■■■			■■	整枝 ■■■					
病虫害防治					喷药 ■■■					喷药 ■■■		
施 肥											■■	

樱桃 薔薇科

栽培适宜地区：日本东北中部以北和山梨等春季少雨的地区

🔵 庭院栽植的培养方法

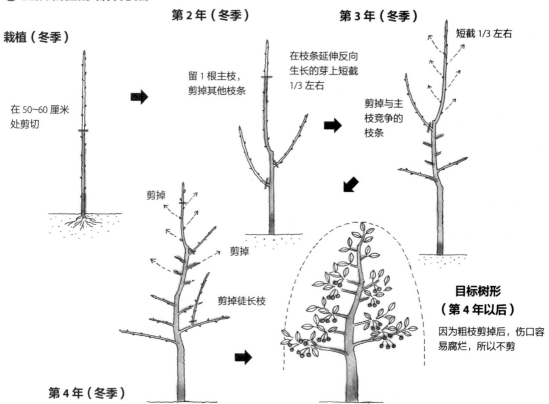

栽植（冬季）
在 50~60 厘米处剪切

第 2 年（冬季）
留 1 根主枝，剪掉其他枝条
剪掉
剪掉
剪掉徒长枝

第 3 年（冬季）
在枝条延伸反向生长的芽上短截 1/3 左右
剪掉与主枝竞争的枝条
短截 1/3 左右

第 4 年（冬季）

目标树形（第 4 年以后）
因为粗枝剪掉后，伤口容易腐烂，所以不剪

● 特点与性质　耐寒性比苹果弱，适合温暖地带北部春夏季节雨少的地方。光照好、排水好、干燥的场所，对土质没有特别要求。在温暖地带，枝条生长旺盛，庭院栽植易长成大树，但不结果。如果是盆栽，则要选择容易管理的种类。

● 种类和品种　中国樱桃树体小、开花早，可以在日本九州地区庭院栽植，作为观赏用。欧洲樱桃能长成大树，甜果品种有黄红色果实、坐果率高的佐藤锦、拿破仑（大果单果重 7 克）；

酸果品种有酸味少、果小并具有漂亮红色、树体较小的流星、北极星，都可以栽植。

● 栽培要点　甜果品种适合采用的修剪手法有扭枝、断根等，抑制树势，培养成小型树体。

栽植　12 月或 3 月栽植。

肥料　采收后施入干鸡粪、油渣、硫酸钾等化学肥料的混合肥料。

病虫害　经常受介壳虫危害。落叶后喷布机油乳剂 15 倍液，或用硬毛刷疏掉。为害叶片的美国白蛾有群居习性，在幼虫期喷布敌百

果实的着生方式与果实管理

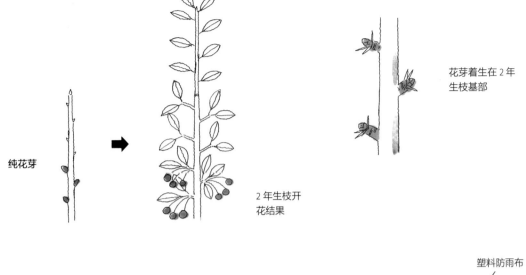

纯花芽

2 年生枝开
花结果

花芽着生在 2 年
生枝基部

疏蕾
花蕾着生量大的,
要疏掉一半

避雨

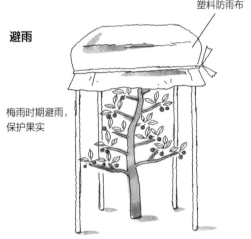

塑料防雨布

梅雨时期避雨,
保护果实

虫 1000 倍液进行防治,螨类从梅雨期结束时开始喷布杀螨剂进行防治。重要的病害是灰星病,在果实表面产生灰色霉层导致腐烂。在采收 3 周前喷布苯菌灵 2000 倍液和甲基托布津 1500 倍液进行防治。

　　修剪　修剪粗枝后,剪口难以愈合,容易引起腐烂,所以从幼树开始整枝,培养主干形,只要疏除 1~2 年生枝就可以。

　　●**生产优质果的要点**　成熟期遇上梅雨期,果实淋雨后会裂,所以要搭建塑料防雨布等避

雨。甜果品种一定要有授粉树。

　　疏蕾　花蕾露出时,像短果枝那样着生大量花蕾的枝条要疏掉一半花蕾。

　　授粉　用亲和性好的品种的花粉进行人工授粉。

　　疏果　为了确保坐果,按照 4~5 片叶 1 个果的标准疏果。花开大约一半就可以疏果。

　　采收　花后 40~50 天着色成熟。虽然每处着生 2~5 个果实,但要根据成熟情况带果梗全部采收。早采收的做酒,还可品尝在枝条上充

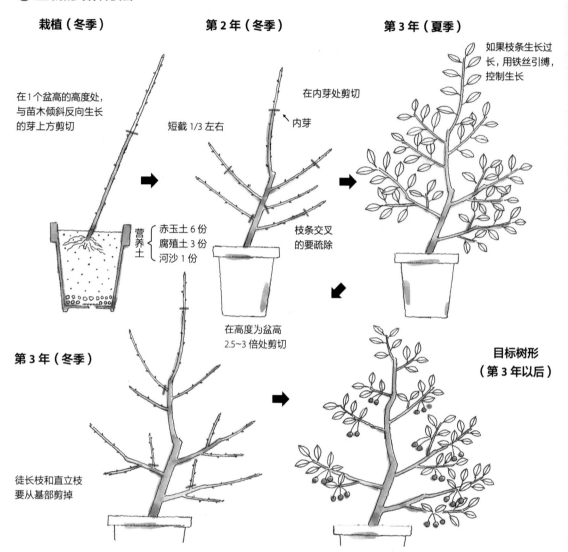

栽植（冬季）

在1个盆高的高度处，与苗木倾斜反向生长的芽上方剪切

营养土 ｛ 赤玉土 6 份
腐殖土 3 份
河沙 1 份

第 2 年（冬季）

短截 1/3 左右

在内芽处剪切
内芽

枝条交叉的要疏除

在高度为盆高 2.5~3 倍处剪切

第 3 年（夏季）

如果枝条生长过长，用铁丝引缚，控制生长

第 3 年（冬季）

徒长枝和直立枝要从基部剪掉

目标树形（第 3 年以后）

分成熟的果实。

● **盆栽的要点** 培养成高度是盆高 2.5~3 倍的模样木。用铁丝控制新梢生长，培养树形，促进大量着生花芽。

栽植 3 月栽在 6~8 号盆。

放置场所 放在光照好的地方，但要避开夏季的夕阳。

肥料 3 月在盆边埋入玉肥。

疏果 为确保坐果，每盆按照 10~15 个果留果。树体要平均着生果实，结果多的枝条要疏果。

换盆 每隔 1 年换盆 1 次。

购买的盆栽的管理 市场上有果实着色的盆景。放在室内观赏不能超过 3 天，可放在不淋雨、光照好的地方观赏。采收后按照盆栽管理，下一年春季换盆。

● 授粉树亲和性差

一定要注意，甜果品种不仅用相同品种的花粉授粉不结果（自花不实），而且还有某些品种授粉不结果（杂交不亲和）的组合。亲和性好的主要品种组合如下：

主要品种		授粉品种
拿破仑	⇦	日出、高砂、藏玉锦
高砂	⇦	拿破仑
佐藤锦	⇦	拿破仑
藏玉锦	⇦	拿破仑

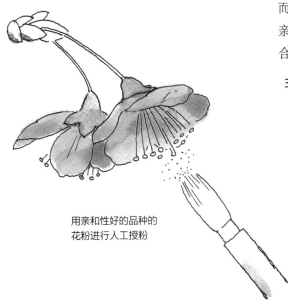

用亲和性好的品种的花粉进行人工授粉

● 枝条生长过旺

在温暖地区，排水良好、土层深厚的庭院，容易出现枝条旺盛生长、坐果不良的情况。只做树形培养和枝条修剪，培养小型树体也很难。因此，栽植后 4~5 年要达到目标树高，并确保枝条数量，每年都要改变开沟方向，冬季在粗根基部留 30~50 厘米切断（即所谓的断根），以调节树势。树势强时，断根数量多。注意不断细根。

另外，6 月左右的枝条看着柔软，对有旺盛生长倾向的枝条，从基部强行扭曲，使其向水平以下的下方延伸（即所谓的扭枝）。用粗铝丝缠着朝下，或用钳子拧枝条基部，都能容易达到效果。

月	1	2	3	4	5	6	7	8	9	10	11	12
开花、结果							开花 ▬▬▬			采收		
果实管理						▬▬▬ 避雨、授粉						
整枝、修剪	▬▬▬▬▬											
病虫害防治												
施　肥			▬▬▬							▬▬▬▬▬		

石榴

石榴科

栽培适宜地区：日本全国

🌑 庭院栽植的培养方法

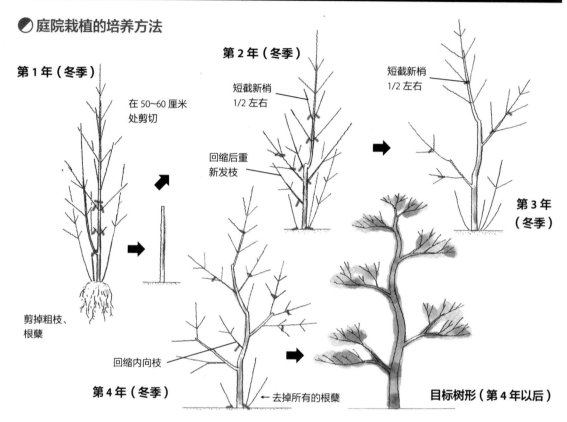

第1年（冬季）

在50~60厘米处剪切

剪掉粗枝、根蘖

第2年（冬季）

短截新梢 1/2 左右

回缩后重新发枝

第3年（冬季）

短截新梢 1/2 左右

第4年（冬季）

回缩内向枝

← 去掉所有的根蘖

目标树形（第4年以后）

● **特点与种类**　在日本自古以来作为庭院树木广泛栽培，但没有作为果树园艺栽培的。

中国和美国有很多品种，但日本只有甜、酸2个种类。

● **栽培要点**　因为在梅雨期开花，所以雨多的年份也是结果不良的年份，但避雨后坐果很好。

栽植　因其抗寒性强，所以从12月～第2年3月都能栽植。盆栽最好在3月栽植。

灌水　因其抗寒性强，所以庭院栽植除了栽植后灌水，一般不灌水。如果是盆栽，则2~3天灌水1次。

肥料　没有特别要求，没有肥料也能栽培。采收后施入干鸡粪、油渣、硫酸钾等化学肥料的混合肥料。

病虫害　几乎看不见受害情况。

● **生产优质果的要点**　多数在梅雨期开花，但难以坐果。用塑料防雨布避雨，并要用毛笔尖进行人工授粉。

修剪　除了剪掉从主干基部抽生的枝条和徒长枝外，就是在幼树期培养成主干形等树形。

疏蕾　不需要。

◐ 果实的着生方式

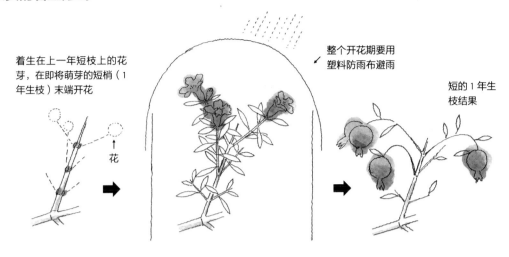

着生在上一年短枝上的花芽，在即将萌芽的短梢（1年生枝）末端开花

花

整个开花期要用塑料防雨布避雨

短的1年生枝结果

◐ 盆栽的培养方法

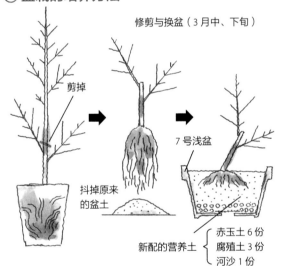

修剪与换盆（3月中、下旬）

剪掉

抖掉原来的盆土

7号浅盆

新配的营养土 { 赤玉土6份
腐殖土3份
河沙1份

通过回缩修剪，第4年就能培养出盆景的样子，非常有趣，以后每隔1年换盆1次

授粉　晴天，用毛笔尖在有雌蕊的完全花的花中搅动授粉。

疏果　每个部位着生2~3个果时进行疏果，留1个果，其他的疏掉。

采收　从9月下旬开始，果皮变成黄红色，采收适期从裂果前到果实顶部微裂时，用手就容易摘掉。

不结果是为什么呢?

● 没有授粉

开花多但坐果少是因为开花期遇上梅雨时，雨水将花粉冲走或淋湿，不利于授粉。整个开花期用塑料防雨布避雨，晴天用毛笔尖在花中搅动，实现自花授粉。如果是盆栽，开花期移到不受雨淋的地方。

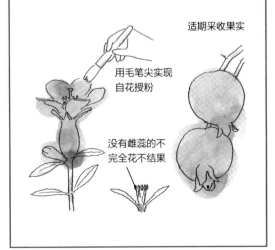

适期采收果实

用毛笔尖实现自花授粉

没有雌蕊的不完全花不结果

月	1	2	3	4	5	6	7	8	9	10	11	12
开花、结果			开花 ■——■ 采收									
果实管理												
整枝、修剪	■■■ 修剪				■■ 整枝							
病虫害防治												
施 肥		■				■				■		

唐棣

蔷薇科

栽培适宜地区：日本东北以南都能栽培

🌀 庭院栽植的培养方法

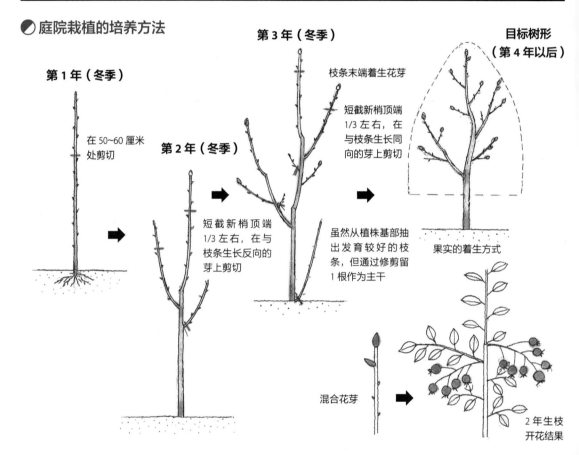

第1年（冬季）
在50~60厘米处剪切

第2年（冬季）
短截新梢顶端1/3左右，在与枝条生长反向的芽上剪切

第3年（冬季）
枝条末端着生花芽

短截新梢顶端1/3左右，在与枝条生长同向的芽上剪切

虽然从植株基部抽出发育较好的枝条，但通过修剪留1根作为主干

目标树形（第4年以后）

果实的着生方式

混合花芽

2年生枝开花结果

● **特点与种类** 原产于北美洲，与日本的东亚唐棣是同一个属的种类。在日本作为果树栽培不出名，作为观果的庭院树木，以东亚唐棣、加拿大盘羊等的名字，最近出现在苗木市场上。具有丛生性，是高达3米的小乔木。白色的花是犹如樱花一样漂亮的伞形花序。果实是毛樱桃大的小果，形成红色果穗。美洲品种多，不过在日本市场上也有大花母菊等品种出售。

● **栽培要点** 容易栽培。选择排水良好的土地，注意做树形。

栽植 因其抗寒性强，所以在12月~第2年3月期间栽植。盆栽在3月栽植。

灌水 盆栽干了就浇水。

肥料 庭院栽植在10月下旬施肥，盆栽在3月施肥。

病虫害 几乎没有受害症状，但成熟期有野鸟为害，要用防虫网防鸟。

● **生产优质果的要点** 防止枝条密挤，要进行疏除修剪，改善光照。不需要疏蕾、疏果。

修剪 因其丛生性，不会长成大型树木，

🌑 盆栽的培养方法

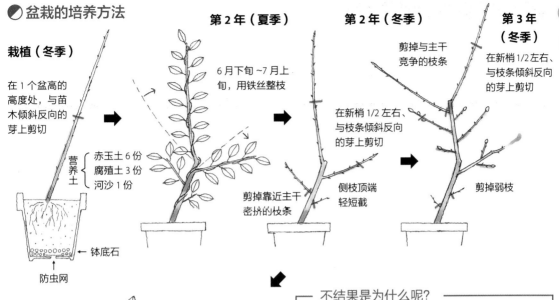

栽植（冬季）

在1个盆高的高度处，与苗木倾斜反向的芽上剪切

营养土 ┤ 赤玉土6份 腐殖土3份 河沙1份

钵底石

防虫网

第2年（夏季）

6月下旬~7月上旬，用铁丝整枝

剪掉靠近主干密挤的枝条

第2年（冬季）

剪掉与主干竞争的枝条

在新梢1/2左右、与枝条倾斜反向的芽上剪切

侧枝顶端轻短截

第3年（冬季） 唐棣

在新梢1/2左右、与枝条倾斜反向的芽上剪切

剪掉弱枝

目标树形（第4年以后）

只留1~2根主干，剪掉从树根基部抽生的枝条。因为结果2~3年的枝条坐果变少，所以要剪短，促进抽生生长发育好的枝条。

人工授粉 因用自身的花粉授粉可以结果，所以盆栽可以用毛笔尖等授粉以提高坐果率。

采收、观赏 5月下旬~6月上旬，果实开始转为红色，能够作为带果的树木或盆景观赏。采收变为紫红色的软熟果，立即生吃或加工。

不结果是为什么呢?

● **栽植的地方干旱**

光照好但坐果差，可能是因为干旱造成的。

唐棣喜欢适当潮湿的地方，在夕阳强烈照射的旱地生长发育不好。幼树有耐阴性，在阴凉处也能生长，但想要结果，最好有半天的光照。比起经常干燥的地方，半阴凉处树木生长发育良好。所幸的是唐棣适合移栽，最好在3月移栽到适宜的地方。

3月回缩枝条后移栽

醋栗

虎耳草科

栽培适宜地区：日本东北以北和中部高寒地带的冷凉地区

月	1	2	3	4	5	6	7	8	9	10	11	12
开花、结果					开花■		■采收					
果实管理												
整枝、修剪	■			■修剪								
病虫害防治							■喷药				捕杀■	
施　肥			■									

🖊 庭院栽植的培养方法

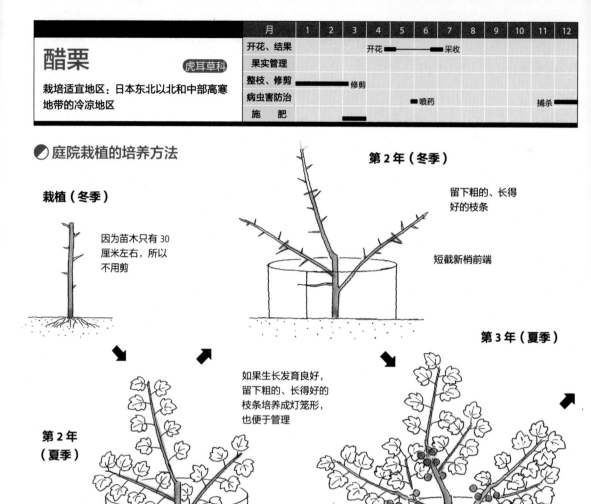

栽植（冬季）

因为苗木只有30厘米左右，所以不用剪

第2年（冬季）

留下粗的、长得好的枝条

短截新梢前端

第2年（夏季）

如果生长发育良好，留下粗的、长得好的枝条培养成灯笼形，也便于管理

第3年（夏季）

● **特点与性质**　树高 1~1.5 米的灌木。5 年长成大树，容易栽培，是针对庭院栽培的种类。

抗旱性强，喜好夏季凉爽的气候，在日本北海道自古就有栽培，在东北和中部的高寒冷凉地带也容易庭院栽植，但在关东以西梅雨期结束后的高温会引起叶片枯萎，生长停滞，所以要选择半阴凉、通风好的地方。除了排水不良的地方和极端的沙地，对土质没有要求。

● **种类和品种**　有大醋栗（欧洲系）和美洲醋栗（美洲系）2 个种类。

日本东北、北海道和中部高冷地带两类都能栽培，但在关东以西栽培大醋栗困难，要选择美洲醋栗。

大醋栗有绿果大粒（单果重 7~8 克）的德国大玉、着暗红色的红果大玉两个品种，用于生吃，但抗白粉病弱，只限于适宜地区栽培。抗白粉病强的品种在日本关东以西也能栽植。

● **栽培要点**　在温暖地带，选择美洲醋栗

第 3 年（冬季）

回缩坐果差的枝条，
用长势好的新枝更新

**目标树形
（第 3 年以后）**

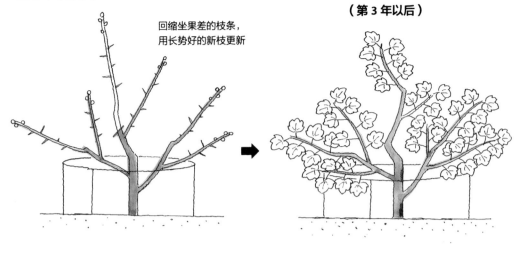

枝条的更新

连续结果 3 年、坐果
率下降的枝条，要进
行修剪，用新枝替换

要注意芽的
基部有刺

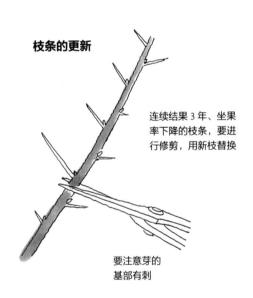

● **果实的着生方式**

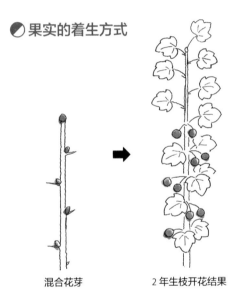

混合花芽　　　2 年生枝开花结果

的品种在半阴凉的地方栽植。

栽植　秋季栽植。

肥料　施入全量元素肥料。因为根系浅，所以撒在根系周围浅耕，与土混匀。

病虫害　害虫有介壳虫，为害枝干，导致枝干枯死，生长不良，所以要用硬毛刷刷掉。

病害主要是大醋栗栽培地区周围的白粉病。

发病初期喷布多抗霉素 1000 倍液或甲基托布津 1500 倍液进行防治。

整枝、修剪　树高 1 米左右，形成丛状，但将枝条按照灯笼形引缚，培养成灯笼形，更便于管理与采收。

● **生产优质果的要点**　防治白粉病，防止过早落叶。

采收、保存　鲜食、加工用，都要等到果实转色变软，依次采收品尝。采收期是 10 天左右。

因为果实成熟正遇高温期，易腐烂，所以

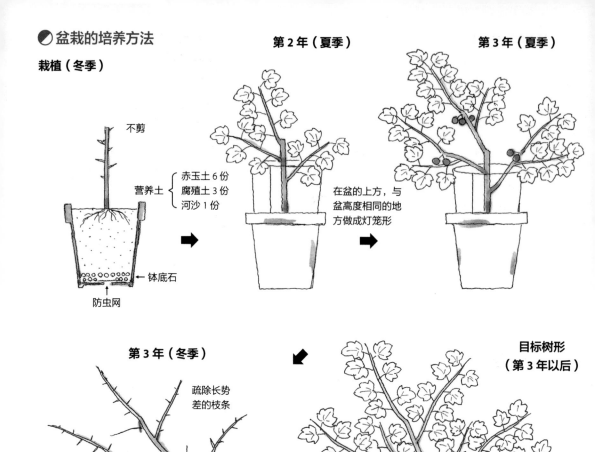

● 盆栽的培养方法

栽植（冬季）

不剪

营养土 { 赤玉土 6 份 / 腐殖土 3 份 / 河沙 1 份 }

← 钵底石

防虫网

第 2 年（夏季）

在盆的上方，与盆高度相同的地方做成灯笼形

第 3 年（夏季）

第 3 年（冬季）

疏除长势差的枝条

目标树形（第 3 年以后）

使其结果 3~4 年后用新枝条更新

如果用于加工，要根据用量集中保存，需要冷冻保存。

● 盆栽的要点　梅雨期过后要放在树荫下或用寒冷纱遮住光的地方，防止叶片灼伤。

栽植　3 月栽植在 5 号盆中。

放置场所　梅雨期放在避雨明亮的场所，夏季移动到避开高温干燥和强光直射的地方。

肥料　3 月在盆边压入玉肥。

整枝、修剪　在 1 个盆高的高度处做出灯笼形，防止枝条下垂，引缚成灯笼形。结果后生长量变少的枝条在采收后剪掉，利于春季抽生的新梢生长。

授粉　没有必要进行人工授粉，但用毛笔尖等在雌蕊、雄蕊上来回摩擦，也有利于提高坐果率。

换盆　每隔 1 年换盆 1 次。

● 苦夏是根本原因

从春季开始天气利于醋栗生长，但梅雨期一过就没有好天气了。

因为醋栗类产于欧洲和美洲夏季比较凉爽的地区，像日本关东以西夏季超过30℃的高温、干燥和强光直射会引起严重的苦夏。会引起叶缘日烧或基叶脱落导致衰弱，所以要有越夏措施。庭院栽植要栽在通风良好、避开夕阳的地方，盆栽最好移到凉爽的地方，但也有在距植株顶端1米左右的高处，悬挂黑色寒冷纱遮光的方法。另外，夏季注意浇水，重点是不要引起缺水。

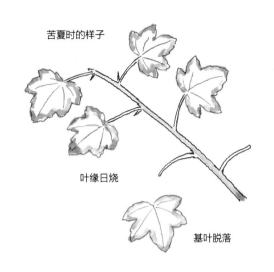

苦夏时的样子

叶缘日烧

基叶脱落

夏季遮光

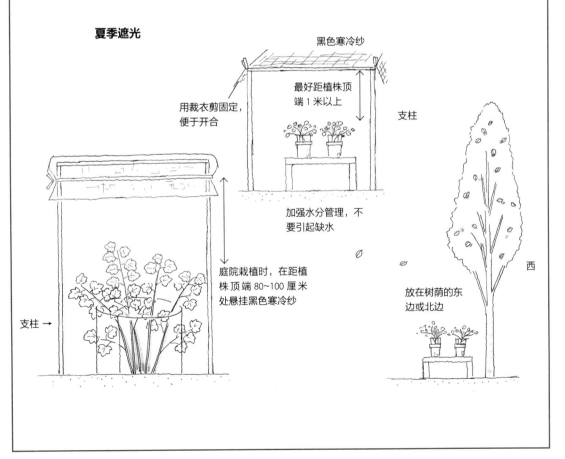

黑色寒冷纱

用裁衣剪固定，便于开合

最好距植株顶端1米以上

支柱

加强水分管理，不要引起缺水

庭院栽植时，在距植株顶端80~100厘米处悬挂黑色寒冷纱

支柱 →

放在树荫的东边或北边

西

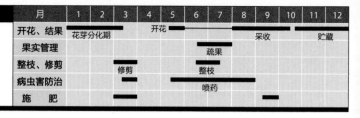

酢橘、卡波苏 （柑橘科）

栽培适宜地区：日本房总半岛以西太平洋沿岸的温暖地区

月	1	2	3	4	5	6	7	8	9	10	11	12
开花、结果	花芽分化期			开花					采收		贮藏	
果实管理							疏果					
整枝、修剪		修剪				整枝						
病虫害防治					喷药							
施　肥												

🌀 庭院栽植的培养方法：半圆形培养

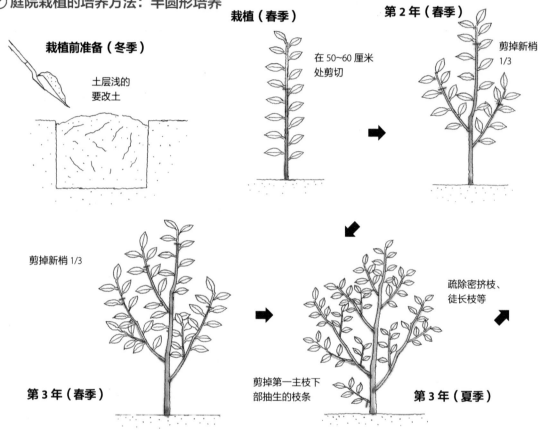

栽植前准备（冬季）
土层浅的要改土

栽植（春季）
在 50~60 厘米处剪切

第 2 年（春季）
剪掉新梢 1/3

第 3 年（春季）
剪掉新梢 1/3

第 3 年（夏季）
剪掉第一主枝下部抽生的枝条
疏除密挤枝、徒长枝等

● **特点与性质**　酢橘、卡波苏作为特产，是自古以来分别栽培于日本德岛县、大分县的香酸柑橘，不能生吃。

酢橘耐寒性强，病虫害少，容易栽培，果实为单果重 30 克左右的小果，特别是在日本关东以西地区，是为夏季料理增添爽朗口感不可缺少的醋蜜柑。

卡波苏也有耐寒性、容易栽培，是单果重 100 克左右球形的醋蜜柑，是日本大分县的特产。

要想收获芳香美味的果实，适合栽植在土层深厚、保水力好、强光少的土地上。

● **种类和品种**　酢橘根据枝条上有无刺、有无种子等进行分类，分别被称为橘醋、无籽酢橘、大酢橘，但是日本的市场上销售的苗木没有具体名称，只是无刺有种子的系列。卡波苏有 2~3 个品种，但主要品种是大分 1 号，日本市场上的苗木没有发现有其他的品种名称。

● **栽培要点**　土层浅的地方，栽植前要耕

80

目标树形（第 4 年以后）

修剪

最好培养大量的坐果好的短小枝条

侧枝不能过大才更新，要保证树冠内部大量的嫩枝能够受到光照

🍊 果实的着生方式
与果实管理

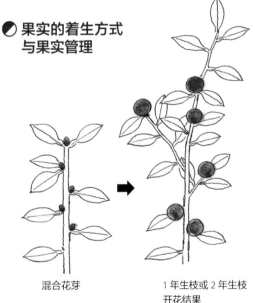

混合花芽

1 年生枝或 2 年生枝开花结果

疏果

摘掉遮盖果实的叶片

卡波苏的标准是 7~10 片叶留 1 个果

酢橘的标准是 5 片叶留 1 个果

深 50 厘米以上，施入有机质肥料改良土壤后栽植。

　　栽植　苗木经越冬后，在 3 月中下旬，栽植在没有夕阳强烈照射的地方。

　　肥料　将混合肥料作为萌芽前的春肥、9 月中下旬的秋肥，分 2 次施入。

　　病虫害　几乎不会大量发生，为了防止介壳虫类、煤污病，采收后喷布 30 倍液机油乳剂。

　　整枝、修剪　树形培养成小型的半圆形。

在侧枝长得过大前更新，保证树冠内部大量的嫩枝得到充分的光照，使其形成坐果率高、结果好的大量的短小枝条。

　　● **生产优质果的要点**　因为短小枝条上果实硬，在疏果时摘掉遮盖果实的叶片，使整个绿色的树体均匀着色。

　　人工授粉　因为利用自身的花粉能够结果（自花结实性），所以一般不需要进行人工授粉。

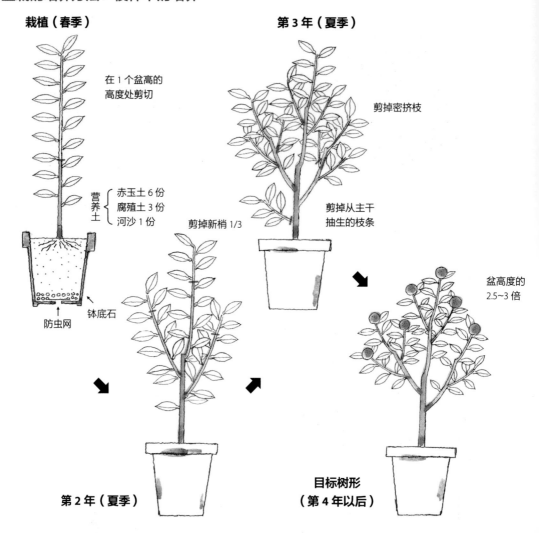

栽植（春季）

在 1 个盆高的
高度处剪切

营养土 ｛ 赤玉土 6 份
腐殖土 3 份
河沙 1 份 ｝

防虫网　钵底石

第 2 年（夏季）

剪掉新梢 1/3

第 3 年（夏季）

剪掉密挤枝

剪掉从主干
抽生的枝条

**目标树形
（第 4 年以后）**

盆高度的
2.5~3 倍

疏果　7 月上旬，以坐果多的枝条为主进行疏果，7 月下旬~8 月上旬，结合采收进一步完成疏果。酢橘按照 5 片叶留 1 个果、卡波苏按照 7~10 片叶留 1 个果的标准疏果。

采收、贮藏　8 月中旬~10 月，从大果中采绿果利用。因为两种绿果原本用于制作果汁，所以将采收后的绿果装入密封袋（放入干燥剂），放在 3~4℃ 的地方贮藏备用。10 月下旬采收着有黄色的果实也能用，但此时的果实果汁含量偏少。

● 盆栽的要点　冬季移到不受干燥寒冷风侵害的地方，用塑料薄膜围在四周，保护叶片的水分（塑料薄膜上要有通风孔）。

栽植　3~4 月栽植于 6~8 号盆中。

放置场所　夏季移到不受强烈夕阳照射的地方，或用寒冷纱遮光。冬季移到不受干燥寒冷风侵害的地方。

施肥　3 月和 9 月，在盆边压入玉肥。

整枝、修剪　以树高达到盆高的 2.5~3 倍为标准，培养成模样木形状。即使培养成 1 根主干的标准形状也是有趣的树形。

疏蕾　没有必要。

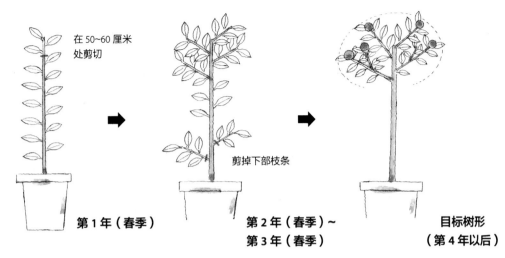

在 50~60 厘米处剪切

剪掉下部枝条

第 1 年（春季）

第 2 年（春季）~
第 3 年（春季）

目标树形
（第 4 年以后）

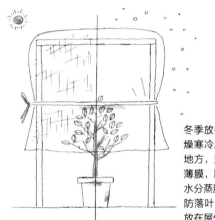

冬季放在不受干燥寒冷风侵害的地方，盖上塑料薄膜，防止叶片水分蒸腾，保湿、防落叶，也可以放在屋外越冬

人工授粉 用毛笔尖在花中来回转动，进行人工授粉，提高坐果率。

疏果 7 月上旬，疏掉叶片少的枝条上的果实或果实过多变硬的枝条上的果实。7 月下旬 ~8 月上旬，结合采收进行疏果，疏掉的果实果皮用于制作香辛料。酢橘每盆留 7~10 个果，卡波苏每盆留 5~6 个果。

换盆 每年结果，每隔 1 年换盆 1 次。

购买的盆栽的管理 带有绿果的盆，加强水分管理，随时采大果，果色变黄前采收完毕。

● 果实的采收与贮藏

　　酢橘的采收期在 8 月末 ~9 月中旬，卡波苏的采收期在 9 月中旬 ~10 月上旬。这个时期是果汁多、糖分比例合适、有酸味的时期。在此前后（比如幼果、完熟果），果实坚硬或过软，有酸味或果汁少。因此，在果汁量、浓度最佳的时期采收，将绿果装在密封袋内（放入干燥剂），放在 3~4℃ 的地方贮藏备用。

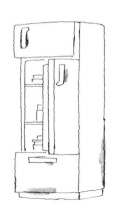

李子（梅子、洋李）蔷薇科

栽培适宜地区：开花期不受低温侵害的温暖地区

月	1	2	3	4	5	6	7	8	9	10	11	12
开花、结果			开花			采收			花芽分化期			
果实管理			人工授粉		疏果、套袋							
整枝、修剪	修剪					整枝						
病虫害防治			喷药									喷药
施 肥												

🌰 庭院栽植的培养方法

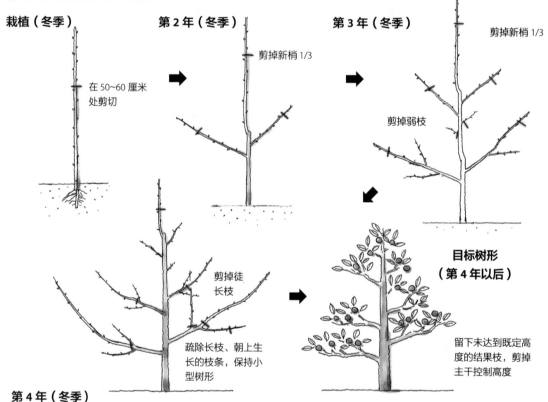

栽植（冬季）
在 50~60 厘米处剪切

第 2 年（冬季）
剪掉新梢 1/3

第 3 年（冬季）
剪掉新梢 1/3
剪掉弱枝

第 4 年（冬季）
剪掉徒长枝
疏除长枝、朝上生长的枝条，保持小型树形

目标树形（第 4 年以后）
留下未达到既定高度的结果枝，剪掉主干控制高度

● **特点与性质** 耐寒性强，也耐夏季的高温、干燥，从北海道到鹿儿岛县都能栽培。庭院栽培与桃相似，都能品尝到原有的味道。

因为开花期早，易受晚霜危害。也有绝收的年份或地方，产地受限。

● **种类和品种** 大致分为 2 类，日本李（梅子）各地都能栽培。早熟的在 7 月下旬成熟，有果皮呈鲜红色、中果型（单果重 80 克）的大石早生，果皮呈黄色、中果型的白梅，果皮呈暗橙黄色、果肉为红色、口感好、大果型（单果重

100~150 克）的苏达木。叶果全是红色、比较漂亮的好莱坞，也能作为庭院树木栽植。

欧洲李（洋李）采收期晚，结紫黑色小果（单果重40克）的欧洲李（洋李）在9月上中旬成熟，完全成熟的果实没有酸味，甜味很浓。

● **栽培要点** 注意病虫害防治。

栽植 12月或3月进行栽植。

肥料 每年采收后施入混合肥料。

病虫害 随着幼果迅速膨大，会出现白色豆荚形状的袋果病，要在萌芽前充分喷布石硫

果实的着生方式与果实管理

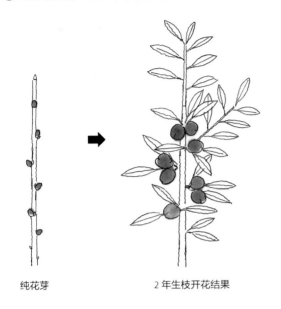

纯花芽　　　　2 年生枝开花结果

疏果

结果量大的情况下，当
果实达到食指尖大小时
疏果

短果枝

在近枝梢处留果，短果枝留 1 个果，
长果枝、中果枝每间隔 5~10 厘米留
1 个果，分别留 2~4 个果

人工授粉

品种间进行
人工授粉

长果枝

合剂 10 倍液进行预防。

为害叶片的蚜虫、附着在枝条和果实上导致树体衰弱的介壳虫、为害果实的食心虫，通过喷布杀螟硫磷进行防治。8 月下旬，整树落叶可能是受苹掌舟蛾为害，可喷布敌敌畏 1000 倍液。

整枝、修剪　做成主干形。因为枝条细、长得快，所以不能进行重回缩修剪。

枝条具有直立性，发育枝量大的大石早生、好莱坞等，主要对密挤枝进行疏除修剪；枝条开张、容易形成短果枝的苏达木、白梅、砂糖等，

以回缩修剪为主。

因为枝条细长、长得快，所以也能像梨一样培养成棚架。

● **生产优质果的要点**　在具有亲和性的品种间进行人工授粉。

人工授粉　因为日本李几乎所有的品种都不能利用自身的花粉进行授粉，所以上述的品种要相互进行人工授粉。也能用开花期相同的杏或梅的花粉进行授粉。

欧洲李利用自身的花粉也容易结果，种一

85

盆栽的培养方法

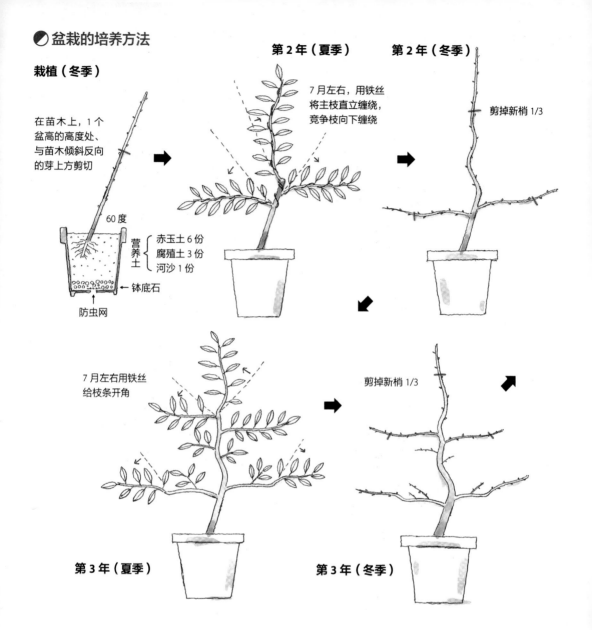

栽植（冬季）

在苗木上，1 个盆高的高度处、与苗木倾斜反向的芽上方剪切

60 度

营养土 { 赤玉土 6 份 / 腐殖土 3 份 / 河沙 1 份 }

钵底石

防虫网

第 2 年（夏季）

7 月左右，用铁丝将主枝直立缠绕，竞争枝向下缠绕

第 2 年（冬季）

剪掉新梢 1/3

7 月左右用铁丝给枝条开角

剪掉新梢 1/3

第 3 年（夏季）

第 3 年（冬季）

株树也能结果。但如果进行人工授粉，坐果更有保障。

　　疏果　如果结果量大，当果实长到食指尖大小时进行疏果。

　　采收　给人们留下"酸桃"印象的原因是，市场上销售没有完全成熟的果实。非常遗憾，这是个误解。

　　● **盆栽的要点**　放在光照好的地方。

　　栽植　3 月栽植于 6~8 号盆中，所用营养

土为 6 份赤玉土、3 份腐殖土、1 份河沙。

　　施肥　3 月在盆边压入 3~4 个玉肥。

　　放置场所　放在光照好的地方。春季来得早的地方，花开得就早，因为易遭受花期低温，导致坐果不良，所以整个花期夜间要放在室内避寒。

　　整枝、修剪　培养成模样木也可以。枝条具有直立性的品种，6 月中旬~7 月，用铁丝缠住新梢，将枝条拉开，抑制生长，促进其着生

目标树形
（第 4 年以后）

盆栽疏果标准

大果品种留
2~3 个

中果品种留
5~6 个

小果品种留
6~8 个

所有枝条
平均挂果

整个开花期的防寒

春季来得早的地区，整个开花期最好放
在室内。遭受寒害后，易坐果不良

花芽。

　　疏蕾　因为易受低温危害，所以不进行疏蕾。

　　授粉　上述的品种，相互进行人工授粉。

　　疏果　中果品种留 5~6 个果，像苏达木的
大果品种留 2~3 个果，小果品种留 6~8 个果，
按照这个标准进行疏果。

　　换盆　结果后，每隔 1 年在 3 月进行换盆，
以便恢复树势。

　　购买的盆栽的管理　日本的市场上几乎
没有销售的。

── 不结果是为什么呢?

● **没有授粉**

　　几乎所有的日本李都有利用自身花
粉不结果的性质（自花不实），并且，
特定品种间授粉不结果（杂交不亲和）。
没有其他品种时，也可以利用开花期相
同的杏或梅的花粉进行授粉。

梨

薔薇科

栽培适宜地区：日本梨适合日本东北南部以南，洋梨适合以北地区

月	1	2	3	4	5	6	7	8	9	10	11	12
开花、结果				开花			花芽分化期		采收			
果实管理		疏蕾、授粉				疏果、套袋						
整枝、修剪			整枝、修剪				整枝、修剪					
病虫害防治					喷药							喷药
施　肥												

🍐 庭院栽植的培养方法

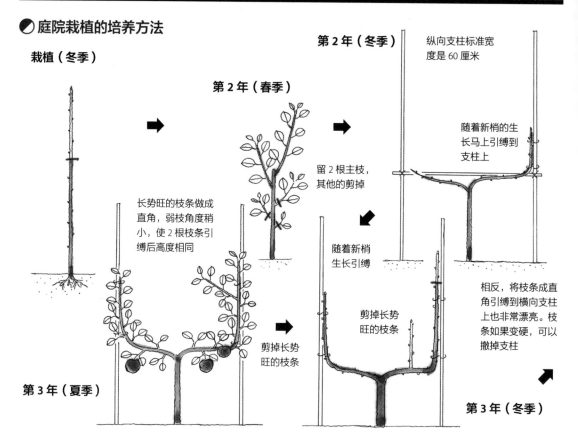

栽植（冬季）

第2年（春季）

长势旺的枝条做成直角，弱枝角度稍小，使2根枝条引缚后高度相同

第3年（夏季）

剪掉长势旺的枝条

留2根主枝，其他的剪掉

随着新梢生长引缚

剪掉长势旺的枝条

第3年（冬季）

第2年（冬季）

纵向支柱标准宽度是60厘米

随着新梢的生长马上引缚到支柱上

相反，将枝条成直角引缚到横向支柱上也非常漂亮。枝条如果变硬，可以撤掉支柱

● **特点与性质**　梨与柿子一样，日本自古就有栽培改良的苹果型日本梨和被称为洋梨的西洋梨、中国梨。

在雨少的地方培育的西洋梨、中国梨，在日本关东以西的多雨地区是不可能生产优质果的，但日本梨适合。

光照好、土层深厚的地方，如果水分适度，对土壤没有特别要求。

● **种类和品种**　日本梨的红梨（果皮呈锈褐色）——幸水，8月下旬成熟，中果（单果重300克），浓甜多汁。　紧接着，成熟的是大果丰水、青梨（果皮呈绿色）中果的菊水，可供选择。另外，也可以观赏到花、幼叶、果实都是红色，非常漂亮的大原红。中国梨有鸭梨、慈梨、果皮呈红色的红梨，西洋梨有果皮呈红色的巨红。

● **栽培要点**　注意病虫害防治。

栽植　在12月或3月进行。

水分管理　因为是多汁的果实，所以即使在庭院栽植，遇夏季连续干旱时，也要在成熟

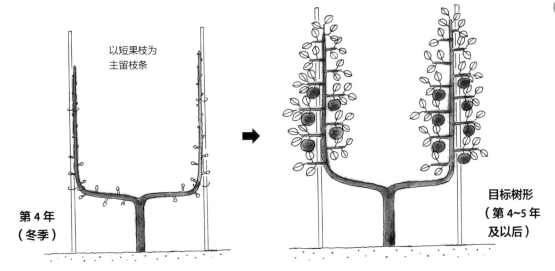

以短果枝为
主留枝条

第 4 年
（冬季）

目标树形
（第 4~5 年
及以后）

🌑 果实的着生方式与果实管理

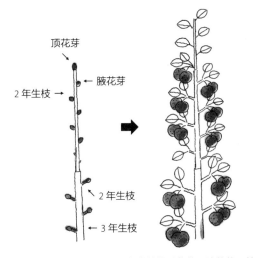

顶花芽

腋花芽

2 年生枝

2 年生枝

3 年生枝

混合花芽

2 年生枝的顶花芽、腋花芽，并且
在生长量极小的 3 年生枝能发现 2
年生枝的顶花芽开花结果

疏果

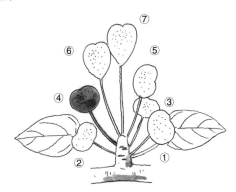

从下往上第③~⑤朵花，花梗长、果形好，
选留 1 个，其余摘掉。因为第①~②朵
花开花早，所以果个大，应摘掉

期到来的 10 天前在根部挖穴灌水，促进果实再
次膨大。接近采收期时禁止灌水。

肥料　采收后施入混合肥料。

病虫害　病害有赤星病和黑星病，开花期
以后喷布大生水剂 500 倍液。

害虫有为害新梢或叶片的蚜虫、卷叶虫、
梨花网蝽，严重为害果实的小食心虫。喷布杀

螟硫磷（800~1000 倍液）。

整枝、修剪　因为属于易整枝种类，所以
便于利用支柱进行各种整枝。

● 生产优质果的要点　具有亲和性的品种
间进行人工授粉。

疏蕾　在整枝过程中，多腋花芽或长、中
果枝隔一去一。

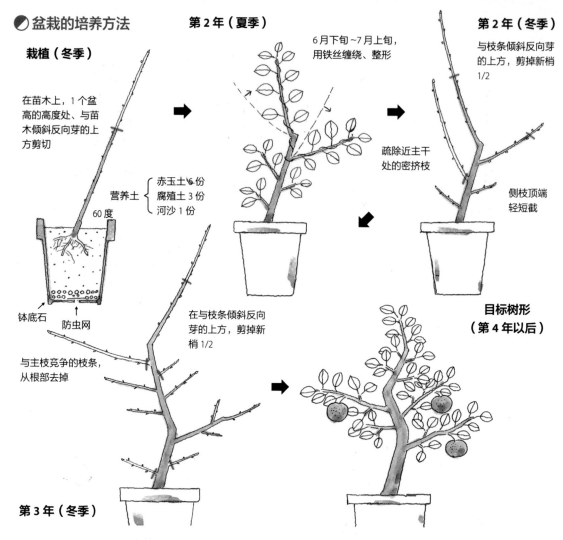

盆栽的培养方法

栽植（冬季）

在苗木上，1个盆高的高度处、与苗木倾斜反向芽的上方剪切

营养土 {
赤玉土 6 份
腐殖土 3 份
河沙 1 份
}

60 度

钵底石
防虫网

与主枝竞争的枝条，从根部去掉

第 2 年（夏季）

6月下旬~7月上旬，用铁丝缠绕、整形

在与枝条倾斜反向芽的上方，剪掉新梢 1/2

第 2 年（冬季）

与枝条倾斜反向芽的上方，剪掉新梢 1/2

疏除近主干处的密挤枝

侧枝顶端轻短截

第 3 年（冬季）

目标树形（第 4 年以后）

人工授粉　因为利用自身的花粉无法结果，所以品种间相互进行人工授粉。要注意的是：菊水和 20 世纪、新水和幸水间相互授粉不结果（杂交不亲和）。

疏果　开花后第 2~3 周进行。

套袋　青梨疏果后立刻套蜡纸袋，红梨 5 月中旬进行第 1 次疏果，6 月上中旬套牛皮纸袋或自制的报纸袋。

采收　日本梨挂在树上达到完全成熟的果实，才能品尝到最美的味道。

西洋梨、中国梨皮色变黄、果点突出即可采收。

● 盆栽的要点　具有亲和性的品种间进行人工授粉。

栽植　3 月栽植于 6~8 号盆中。

放置场所　放在有半天以上光照的地方。

施肥　3 月在盆边施入玉肥。

整枝、修剪　最好培养成模样木。因为西洋梨、中国梨难以着生短果枝，在中、长果枝顶端挂果，所以将主干控制在 1 米，便于观赏下垂枝条顶端的果实。

疏果　如果计划在庭院栽植，按照幸水留 2~3 个果、大果的丰水和大原红留 2 个果的标准，进行疏果。

● 庭院栽植的各种培养方法

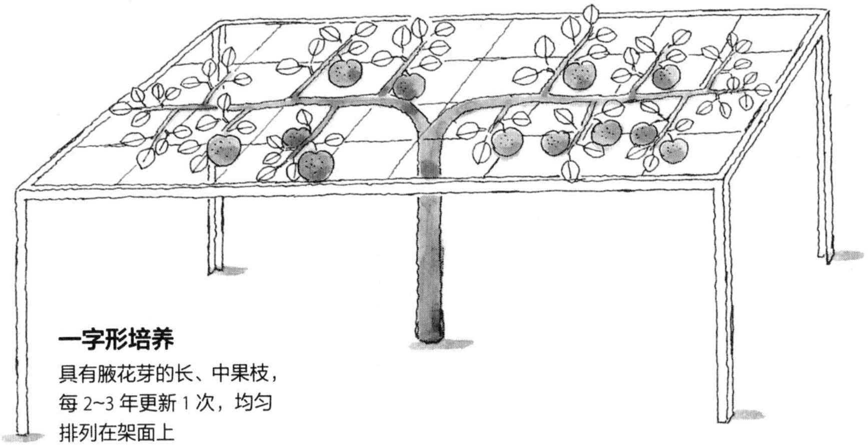

一字形培养
具有腋花芽的长、中果枝，
每 2~3 年更新 1 次，均匀
排列在架面上

棚高 2 米
棚格大小为 50~60 厘米

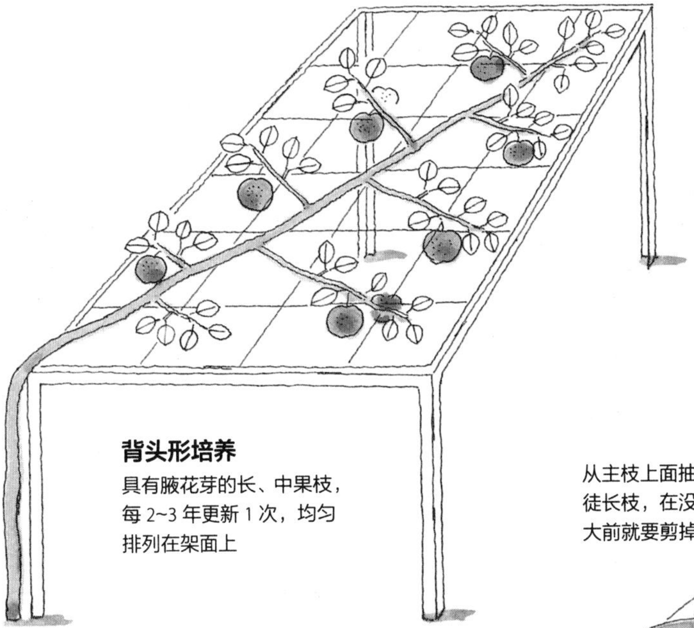

背头形培养
具有腋花芽的长、中果枝，
每 2~3 年更新 1 次，均匀
排列在架面上

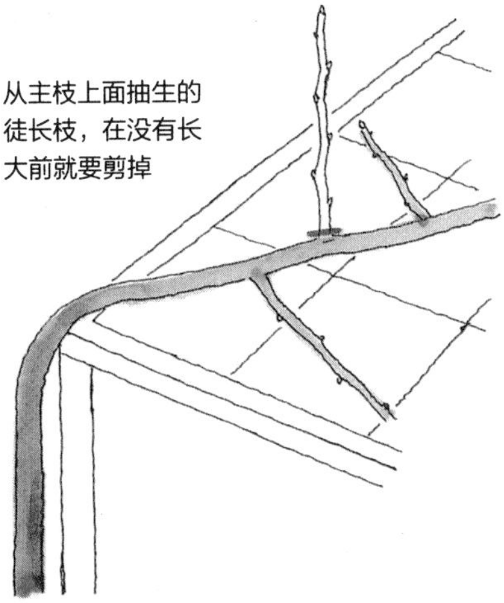

从主枝上面抽生的
徒长枝，在没有长
大前就要剪掉

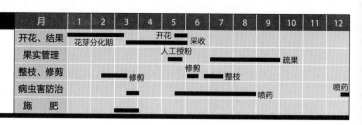

月	1	2	3	4	5	6	7	8	9	10	11	12
开花、结果		花芽分化期			开花	采收						
果实管理					人工授粉						疏果	
整枝、修剪			修剪			修剪	整枝					
病虫害防治								喷药				喷药
施　肥												

夏蜜柑　芸香科

栽培适宜地区：日本伊豆半岛以西太平洋沿岸的温暖地区

🌑 庭院栽植的培养方法：主干形培养

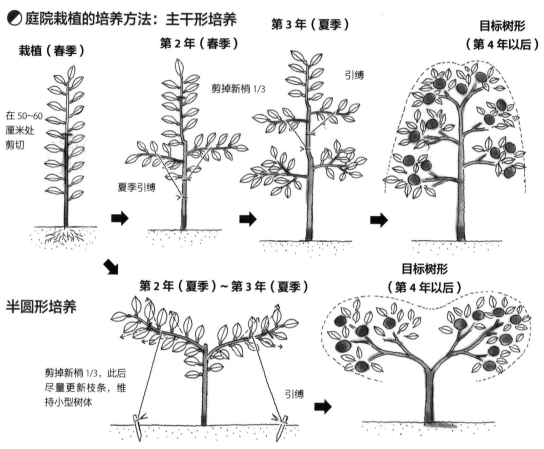

栽植（春季）
在 50~60 厘米处剪切

第 2 年（春季）
剪掉新梢 1/3
夏季引缚

第 3 年（夏季）
引缚

目标树形（第 4 年以后）

半圆形培养

第 2 年（夏季）~ 第 3 年（夏季）
剪掉新梢 1/3，此后尽量更新枝条，维持小型树体
引缚

目标树形（第 4 年以后）

● **特点与性质**　树势旺盛，抗病虫能力强，每年都能结好果，容易栽培。耐寒性比温州蜜柑弱，并且成熟期晚，果实挂在树上越冬，一旦遇到低温，有落果的危险。日本南关东以西沿岸能栽植温州蜜柑的温暖地区，也能进行庭院栽植。但在冬季温暖的地方，能采到美味的果实。

● **种类和品种**　夏蜜柑是酸味较强的传统品种，作为初夏的高酸水果，一直受到喜欢爽酸的人的青睐。但广泛栽培的低酸川野夏蜜柑，后来被称为甘夏。

苗木以甘夏为名。

● **栽培要点**　最好选择避开冬季寒风朝南的向阳处栽植。

栽植　2 月下旬，日本的市场上就有苗木出售，但在越冬后的 3 月下旬栽植。

肥料　萌芽前春肥、10 月下旬秋肥，将混合肥料分 2 次施入。

病虫害　因为有介壳虫和煤污病发生，所以在冬季喷布机油乳剂 30 倍液。

● 果实的着生方式与果实管理

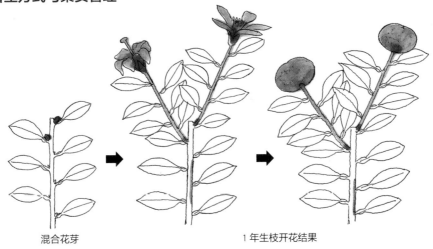

混合花芽 1年生枝开花结果

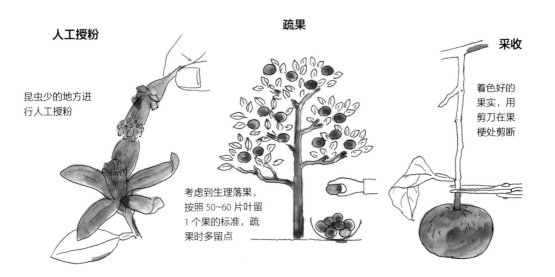

人工授粉

昆虫少的地方进行人工授粉

疏果

考虑到生理落果，按照 50~60 片叶留1 个果的标准，疏果时多留点

采收

着色好的果实，用剪刀在果梗处剪断

为害叶片的凤蝶幼虫，一经发现立即捕杀。

整枝、修剪 采收期晚，过了寒冬，2月下旬 ~3 月中旬的修剪，因为结有果实，所以停止对过粗枝条的疏除修剪，细枝在采收后立即进行修剪。

● 生产优质果的要点 注意大果个、结果量多时的疏果工作。

人工授粉 在蜜蜂等昆虫活动量少的地方，在 5 月将开的花用毛笔尖进行自花授粉。

疏果 预计冬季低温会造成落果或生理落果的部分要多留果。7~9 月，以疏除病果和外观不好的果为主，按照 50~60 片叶留 1 个果的标准进行疏果。

采收 成熟时期在 3~4 月，但因为甘夏酸味消退得快，所以在温暖的地方 2 月就可以品尝，采收时果个从大到小进行。

酸味过强的普通品种或日本东京附近冬天很冷的地方，采收推迟到 5~6 月。

● 盆栽的要点 大果个要注意疏果，标准是不要超过 2 个。

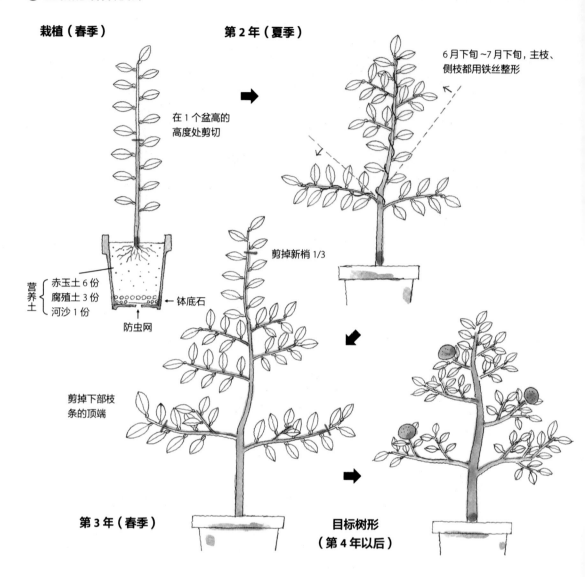

栽植（春季）

第 2 年（夏季）

6月下旬~7月下旬，主枝、
侧枝都用铁丝整形

在 1 个盆高的
高度处剪切

营
养
土 { 赤玉土 6 份
腐殖土 3 份
河沙 1 份 }

← 钵底石

防虫网

剪掉新梢 1/3

剪掉下部枝
条的顶端

第 3 年（春季）

目标树形
（第 4 年以后）

栽植 3~4 月栽植于 8 号盆。

放置场所 放在有半天以上光照的地方。即使在日本东京附近，也要避开冬天的干冷风，要移到不会直接遭受霜害的地方，在屋外也能越冬，但是移到室内作为挂果景观并越冬也可以。

施肥 3 月和 12 月在盆边压入玉肥。

整枝、修剪 树高的标准是盆高的 2.5~3倍。最好培养成模样木。因为挂果后几乎都是春枝，所以以疏除修剪为主进行修剪。

疏蕾 疏掉只有花没有叶的枝条。

人工授粉 用毛笔尖在花中来回搅动的方式，进行人工授粉。

疏果 7~9 月，随时疏除病虫为害的果和外观不好的果，枝条上叶片少的果实最终留 2~3 个果。

换盆 结果后每隔 1 年换盆 1 次。

● 低温受害

据说，种了夏蜜柑，过了年刚过立春，经常会出现落果。这是因为遭受 2 月 ~3 月初寒流袭来的低温胁迫，暖冬年份落果少，天气刚转暖寒流袭来的年份落果多。

作为应对措施，要选择避寒的地方栽植，冬季将枝条用寒冷纱集中盖起来防寒。

● 改善果实的营养状况

寒流造成的落果，多数个小。如果是果实营养不良时，多数会落果。适当进行疏蕾、疏果，促进果实发育。并且，施秋肥、改善树体营养状况也非常重要。

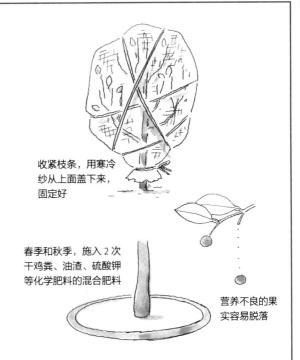

收紧枝条，用寒冷纱从上面盖下来，固定好

春季和秋季，施入 2 次干鸡粪、油渣、硫酸钾等化学肥料的混合肥料

营养不良的果实容易脱落

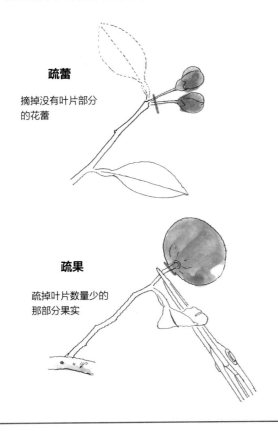

疏蕾

摘掉没有叶片部分的花蕾

疏果

疏掉叶片数量少的那部分果实

● 摘掉没有叶片的那部分花蕾

夏蜜柑在新梢顶端及其下 1~3 节着生花蕾。如果是庭院栽植，则没有必要进行疏蕾；如果是盆栽，没有叶片的那部分枝条会导致树势衰弱，所以要疏蕾。

● 以外观不好的果为主进行疏果

因为是大果，不进行适当疏果，就会全是小果。但是夏蜜柑果实要挂在树上越冬，为了预防低温造成落果或生理落果，疏果时要多留一部分。7~9 月，以病果和外观不好的果为主，随时进行疏果，标准最好是 50~60 片叶留 1 个果。

月	1	2	3	4	5	6	7	8	9	10	11	12
开花、结果						开花			采收			
果实管理							■ 疏果					
整枝、修剪			■ 修剪									
病虫害防治							■ 喷药					
施　肥		■■								■■		

枣

鼠李科

栽培地区：日本全国都可以栽培。适合旱地栽培

🌰 庭院栽植的培养方法

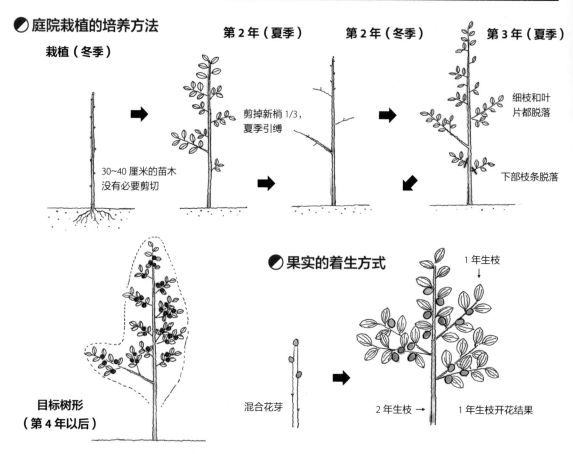

栽植（冬季）

30~40 厘米的苗木没有必要剪切

第 2 年（夏季）

剪掉新梢 1/3，夏季引缚

第 2 年（冬季）

第 3 年（夏季）

细枝和叶片都脱落

下部枝条脱落

目标树形（第 4 年以后）

🌰 果实的着生方式

1 年生枝

混合花芽

2 年生枝 →　1 年生枝开花结果

● **特点与种类**　中国北部特有的果树，从东北南部到华北的干燥地带广泛栽培。在日本，作为庭院树木栽植的只有小果种类。最近，在日本的市场上有中国产的大果品种的苗木。

● **栽培要点**　注意整理树形，高处的枝条要用低的枝条更新。

栽植　因为抗寒性强，所以 12 月 ~ 第 2 年 3 月都可以栽植，盆栽在 3 月栽植。

肥料　即使不施肥料，生长得也很好。10 月 ~11 月中旬施入干鸡粪、油渣、硫酸钾等化学肥料的混合肥料。

病虫害　没有发现病害，但进入果实膨大期后有枣瘿蚊为害果实。7~8 月喷布 1000 倍液杀螟硫磷进行防治。

● **生产优质果的要点**　注意防治枣瘿蚊。

整枝、修剪　因其有直立性，庭院栽植培养成主干形，但为了便于采收，把高位置的枝条回缩到低位置的枝条来更新，保持一定高度的低冠树。

疏除密挤枝和徒长枝，改善树体内部通风、

96

盆栽的培养方法

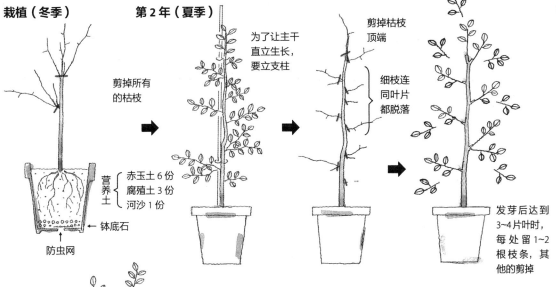

栽植（冬季） **第2年（夏季）** **第2年（冬季）** **第3年（春季）**

赤玉土6份
腐殖土3份 营养土
河沙1份

← 钵底石

防虫网

剪掉所有的枯枝

为了让主干直立生长，要立支柱

剪掉枯枝顶端

细枝连同叶片都脱落

发芽后达到3~4片叶时，每处留1~2根枝条，其他的剪掉

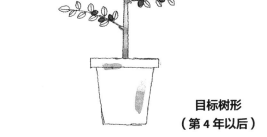

**目标树形
（第4年以后）**

透光条件。

　授粉　如果是盆栽，开花期间移到不受雨淋的地方，因为用自身花粉能结果，所以用毛笔尖等授粉即可。

　疏果　庭院栽植不进行疏果。盆栽按照1个新梢留3~4个果的标准进行疏果。

　采收　果实的表面由绿色变成暗红色，进一步变成茶褐色变软，果实要依次采收。

不结果是为什么呢？

● 树势过旺

　树势好，枝条长得快但不结果。

　在中国，为了让树势变弱，进行开甲，即在主干或大致的基部用刀横伤深达木质部的方法。与环状剥皮和倒贴皮的方法相似。

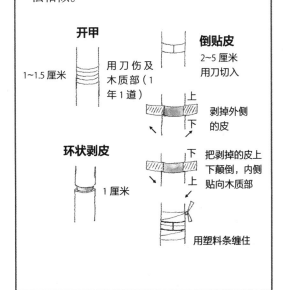

开甲
1~1.5厘米
用刀伤及木质部（1年1道）

环状剥皮
1厘米

倒贴皮
2~5厘米用刀切入

上
下
剥掉外侧的皮

下
上
把剥掉的皮上下颠倒，内侧贴向木质部

用塑料条缠住

月	1	2	3	4	5	6	7	8	9	10	11	12
开花、结果	▬▬ 采收		花芽分化期		开花 ▬▬▬▬▬▬▬▬▬▬▬▬▬▬▬▬						
果实管理			人工授粉 ▬▬▬				▬▬▬▬▬▬ 疏果				
整枝、修剪		▬▬ 修剪				▬▬▬ 整枝					
病虫害防治			▬▬▬▬▬▬▬▬▬▬▬▬▬ 喷药							▬▬	
施 肥		▬▬								▬	

八朔橘

芸香科

栽培地区：日本伊豆半岛以西太平洋沿岸的温暖地区

🌀 庭院栽植的培养方法：主干形培养

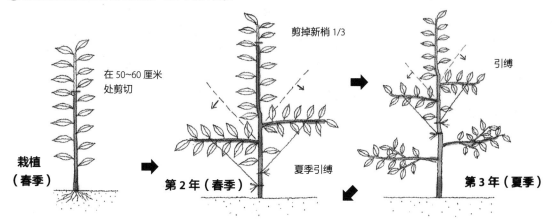

栽植
（春季）

在 50~60 厘米处剪切

第 2 年（春季）

剪掉新梢 1/3

夏季引缚

引缚

第 3 年（夏季）

目标树形
（第 4 年以后）

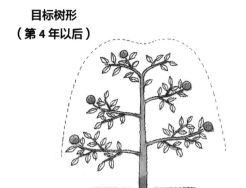

半圆形培养

剪掉新梢 1/3　　　剪掉从主干抽生的枝条

引缚

第 2 年（春季）~
第 3 年（春季）

●**特点与性质**　日本广岛县产晚熟蜜柑雷，类似夏蜜柑的大果种类。

树势旺盛、抗病虫，容易栽培，但是对萎缩病的抗性弱，是个难点。耐寒性比温州蜜柑弱，但在严寒期到来前，采收果实。所以在比适于夏蜜柑生长的温度稍低的地方也能栽植。在温州蜜柑栽培的温暖地区，能进行庭院栽植。

●**种类和品种**　八朔橘是一个种类，没有品种。

●**栽培要点**　购买不带萎缩病的苗木，最好选择避开冬季寒风朝南的向阳处栽植。

栽植　越冬后的 3 月下旬栽植。苗木可以通过园艺中心或产地销售点购买。

肥料　萌芽前的春肥、10 月中下旬的秋肥，将混合肥料分 2 次施入。

病虫害　与夏蜜柑具有同样的抵抗力，发生较少。会发生介壳虫类和使叶片变黑的煤污病。冬季喷布机油乳剂 30 倍液进行防治。发现

果实的着生方式与果实管理

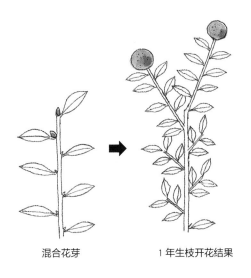

混合花芽　　　　1 年生枝开花结果

疏果

按照 60~80 片叶留
1 个果的标准疏果，
其余的疏掉

盆栽疏蕾

摘除没有叶片
部分的花蕾

采收

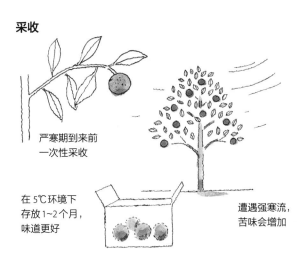

严寒期到来前
一次性采收

在 5℃环境下
存放 1~2 个月，
味道更好

遭遇强寒流，
苦味会增加

为害叶片的额凤蝶幼虫就立即捕杀。

　　整枝、修剪　在越冬后的 2 月下旬~3 月初进行。

　　● **生产优质果的要点**　因为是大果个，所以不能结果过多，要注意疏果等的果实管理。

　　疏蕾　不需要。

　　人工授粉　利用自身的花粉不能结果（自花不亲和），所以在附近栽植开花期相同、具有花粉的夏蜜柑，用夏蜜柑的花粉进行人工授粉。

　　疏果　因为果个大，所以按照 60~80 片叶留 1 个果的标准，在 7~8 月，疏掉发育不好的果和过多的果。

　　采收、后熟　在 12 月末~第 2 年 1 月初的严寒期到来前，一次性采收。在 5℃环境下存放 1~2 个月，味道更好。到了 2~3 月就可以品尝了。要注意的是，若采收晚，遇到强寒流，苦味会增加。

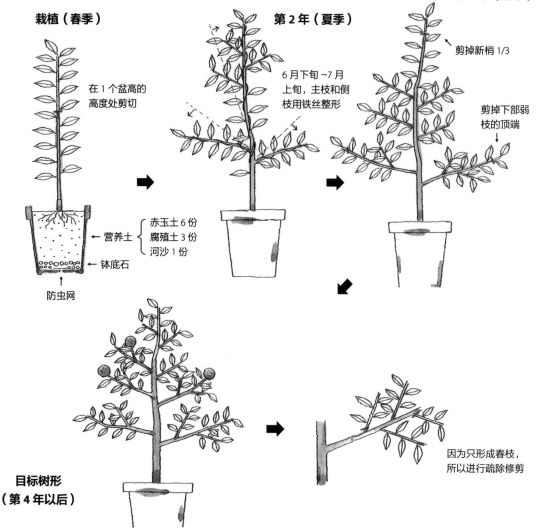

栽植（春季）

在 1 个盆高的高度处剪切

营养土 ⎰ 赤玉土 6 份
　　　 ⎱ 腐殖土 3 份
　　　 ⎱ 河沙 1 份

钵底石

防虫网

第 2 年（夏季）

6 月下旬~7 月上旬，主枝和侧枝用铁丝整形

剪掉新梢 1/3

剪掉下部弱枝的顶端

因为只形成春枝，所以进行疏除修剪

目标树形
（第 4 年以后）

● 盆栽的要点　因为果个大，所以要注意疏果，按照留 2 个果的标准，不要结果过多。

栽植　3~4 月栽植于 8 号盆中。

放置场所　放在有半天以上光照的地方，即使在东京附近，也要避开干冷风，如果移到不受霜害的地方，在屋外也能越冬。移到室内作为挂果景观，能观赏 1 个月。

施肥　3 月和 10 月施入玉肥。

整枝、修剪　标准树高是盆高的 2.5~3 倍，最好培养成模样木。

因为结果后，几乎全是春枝，所以以疏除修剪为主进行修剪。

疏蕾　疏除没有叶片的枝条上的花蕾。

疏果　7 月~8 月中旬，疏除病虫为害的受害果或小果、叶片数量较少的枝条上的果实，留 2~3 个果。

换盆　结果后每隔 1 年换盆 1 次。

购买的盆栽的管理　如果在室内供观赏，放在明亮的、光照好的地方，盆土变干了就灌水。1 月中旬可以采收品尝。

● **没有授粉**

　　因为八朔橘利用自身的花粉不能结果，所以在附近栽植有花粉的种类利用蜜蜂等进行授粉，就没有必要进行人工授粉。但金橘在 7 月开花，开花期晚，不能给八朔橘提供花粉。虽然温州蜜柑开花期与其相同，但花粉不完全，不能给八朔橘提供花粉。因此，解决办法是，在附近栽植花期相同、有花粉的夏蜜柑，或进行人工授粉。

栽植开花期相同的夏蜜柑，不用温州蜜柑

人工授粉

● **盆景的越冬**

搬入室内，作为挂果盆景，可观赏 1 个月，采收后也可以欣赏绿叶

● **八朔橘萎缩病**

柑橘萎缩病是最难处理的病害，导致果实大多在幼果期脱落，没有落的果实既小又不能食用。购买健康苗木，或在没有出现此症状的原有成龄树上采集接穗

枇杷

蔷薇科

栽培适宜地区：日本房总半岛以西太平洋沿岸的温暖地区

月	1	2	3	4	5	6	7	8	9	10	11	12
开花、结果	开花			采收				花芽分化期			开花	
果实管理	人工授粉			疏果、套袋					疏穗		人工授粉	
整枝、修剪			刻芽				刻芽			修剪		
病虫害防治								喷药				
施 肥												

庭院栽植的培养方法

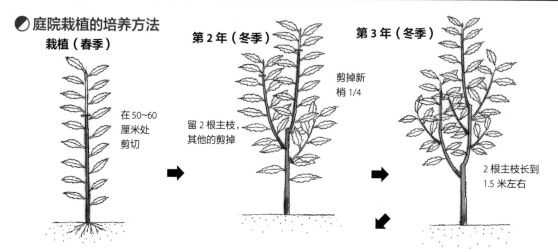

栽植（春季）

在50~60厘米处剪切

第2年（冬季）

留2根主枝，其他的剪掉

第3年（冬季）

剪掉新梢1/4

2根主枝长到1.5米左右

第4年（春季）

留3根侧枝，其余的剪掉

在距离枝条顶端1/3处绑绳，引缚，促进成花

引缚培养低冠树

第4年（冬季）

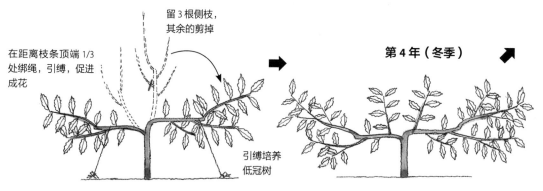

● **特点与性质**　是常绿树，叶片大，能长成高大乔木，作为庭院栽植树木，会遮挡光照，使室内变暗，湿度也会增加，是庭院栽植忌讳的树种之一。在花少的冬季开花。夏季的果实容易失去原有的味道，是庭院果树最具玩味的种类。

比温州蜜柑抗寒性强，即使在日本东京附近的温暖地方或暖冬年份，也能结好果，但适宜地区是冬季温暖、能栽培蜜柑的温暖地区。

● **种类和品种**　品种不多，茂木和田中是2个有名的品种。茂木比田中早熟，在6月上中旬采收。橙黄色的果实非常漂亮，是果肉软而浓甜的品种。田中抗寒性强，比茂木个大，完全成熟后，味道好。但采用促早栽培时，酸味突出。

● **栽培要点**　不要选择冬季低于−5℃的地方，或者必须有防寒措施。

栽植　在越冬后的3~4月，选择冬季温暖

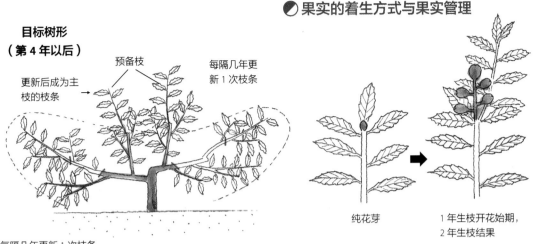

目标树形（第4年以后）

更新后成为主枝的枝条 →

预备枝

每隔几年更新1次枝条

每隔几年更新1次枝条

纯花芽

1年生枝开花始期，2年生枝结果

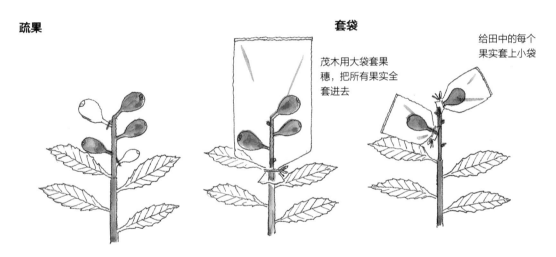

疏果

按照1个花穗留10片叶、茂木留3~5个果、田中留2个果的标准，其他的疏掉

套袋

茂木用大袋套果穗，把所有果实全套进去

给田中的每个果实套上小袋

为了防治果实害虫，生产外观漂亮的果实，疏果后，3月中旬进行套袋

向阳的地方栽植苗木。如果排水良好，则对土质没有特别要求。

肥料 3月新芽长出前，作为春肥施入混合肥料，9月作为秋肥施入。

病虫害 干枯病发生在新梢和叶片上，因为销售的苗木好多有这种病害，购买时要注意。

冬季期间，幼果遭受低温后，随着果实长大，果实上会出现环状的褐色部分，出现霜环，外观不良。选择温暖的地方栽植或结合疏果留下晚开花的果实来预防。

整枝、修剪 通过引缚等，将高度控制在2~2.5米，培养成小型的半圆形树形。

在花蕾膨大前的9月上中旬进行修剪。

● **生产优质果的要点** 结合疏果，留下个大、外观好的果实进行套袋。

疏穗、疏蕾 如果60%以上的枝条上都着生有穗状花穗，在10月下旬疏掉小型花穗。

人工授粉 因为开花期长，所以对盛开的

盆栽的培养方法

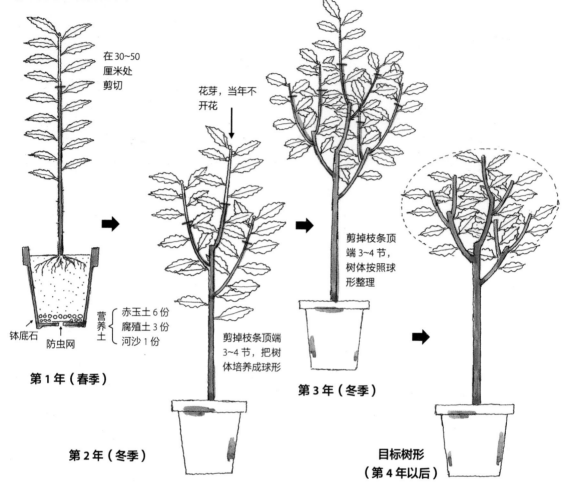

在 30~50
厘米处
剪切

钵底石
防虫网
营养土 { 赤玉土 6 份
腐殖土 3 份
河沙 1 份

第 1 年（春季）

花芽，当年不
开花

剪掉枝条顶端
3~4 节，把树
体培养成球形

第 2 年（冬季）

剪掉枝条顶
端 3~4 节，
树体按照球
形整理

第 3 年（冬季）

目标树形
（第 4 年以后）

花，用毛笔尖授粉。

疏果　经过寒冬，按照每 10 片叶留 1 个花穗、茂木留 3~5 个果、田中留 2 个果的标准，进行疏果。

采收　进入 6 月，撕破袋子，果面充分呈现黄橙色，达到完全成熟，即可采收。

●盆栽的要点　冬季期间，在气温下降的地方，要移到明亮的室内越冬。

栽植　3~4 月栽植于 7~8 号盆中。

放置场所　放在通风、透光的地方，冬季气温下降（-5℃以下）的地方，放在明亮的室内。

施肥　3 月和 9 月施入玉肥。

整枝、修剪　标准树高是盆高的 3~4 倍，培养成标准型，枝条向下方引缚。

疏穗、疏蕾　10 月下旬，疏掉着生在弱枝上的花穗。在大型花穗上，疏掉上下部的花蕾。

人工授粉　花开后，用毛笔尖等授粉。

疏果　越冬后留 3~5 个果，疏掉其他果实。

换盆　结果后，每隔 1 年换盆 1 次。

购买的盆栽的管理　购买到带有绿果的盆栽，放在光照好的地方，通过及时的水分管理，果实变成黄橙色即可采收。

104

枇杷，若放任不管会长得过大，造成光照变差，因此有必要培养成小型树体。

用1年回缩枝条，缩小树体，会导致树势衰弱甚至枯死，或枝条不长。要经过3年恢复培养。第1年：在1.5米处，直立枝条留1根，疏除其他枝条。第2年：在上一年去枝的地方抽生的芽，尽量留下，留下的那根枝条在上一年高度处回缩；横向生长的枝条，在枝条顶端1/3处回缩。第3年：将上一年回缩的横向枝条用绳子引缚至水平；在2年前剪掉枝条的地方抽出的枝条留2根，其余的剪掉。生长到1.5米左右时引缚，老枝在基部剪掉更新。

恢复培养

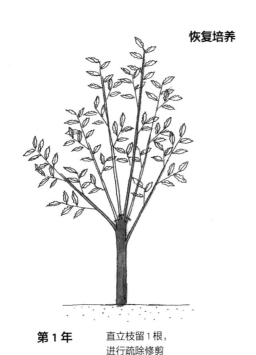

第1年　　直立枝留1根，
　　　　　　进行疏除修剪

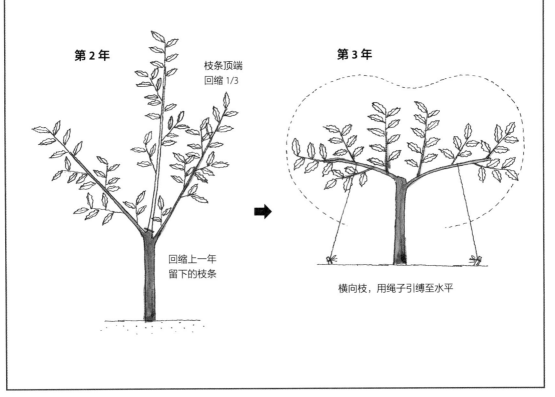

第2年

枝条顶端
回缩1/3

回缩上一年
留下的枝条

第3年

横向枝，用绳子引缚至水平

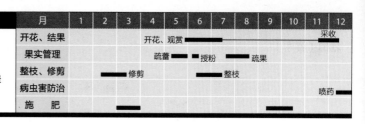

费约果

蔷薇科

栽培地区：日本关东南部以西太平洋沿岸的温暖地区

月	1	2	3	4	5	6	7	8	9	10	11	12
开花、结果					开花、观赏							采收
果实管理				疏蕾		授粉		疏果				
整枝、修剪			修剪				整枝					
病虫害防治												喷药
施 肥												

🍃 庭院栽植的培养方法

栽植（春季）

在 50~60 厘米处剪切

第 2 年（冬季）

剪掉新梢 1/3

引缚

第 3 年（冬季）

引缚

去掉从第一主枝下面抽生的所有枝条

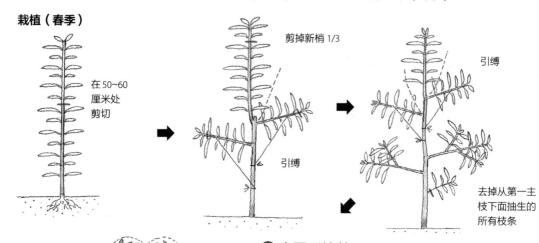

目标树形（第 4 年以后）

🍃 半圆形培养

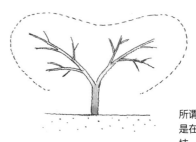

所谓的半圆形培养，是在第 2 年留 2 根主枝，引缚枝条

● **特点与种类** 原产于南美洲的常绿树，适合亚热带气候，但比柠檬、甜橙类抗寒，枝条和叶片都有耐寒性。利用自身花粉能结果的是库立激。因为喜悦、毛象利用自身的花粉不能结果，所以需要用其他品种的花粉授粉。

● **栽培要点** 为了不使枝条密挤而进行整枝，通过疏除修剪促进发枝。

栽植 庭院栽植与盆栽都要在天气转暖的 3 月栽植。在日本，庭院栽植时选在关东以西温暖的地方。

肥料 将混合肥料在秋季和 3 月共 2 次施入。

病虫害 介壳虫为害会导致煤污病发生，就很难找到健康的枝叶。采收后的 12 月，喷布机油乳剂 30 倍液进行防治。

● **生产优质果的要点** 用其他品种的花粉进行人工授粉。

修剪 庭院栽植培养成主干形。培养牢固主干，通过疏除修剪，更新结果枝，促发充实健壮的枝条。

106

盆栽的培养方法

栽植（春季）

在 1 个盆高的
高度处剪切

营
养　赤玉土 6 份
土　腐殖土 3 份
　　河沙 1 份

钵底石

防虫网

第 2 年（冬季）

剪掉新梢 1/3

第 3 年（冬季）

剪掉密挤枝

6 月下旬 ~7 月上
旬便于用铁丝整
理树形

果实的着生方式

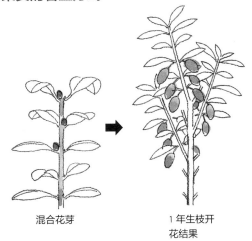

混合花芽

1 年生枝开
花结果

　　疏蕾　留下枝条基部开花早、果实膨大好
的 2 个花蕾，其上的花蕾全部抹掉。

　　人工授粉　用其他品种的花粉进行人工授
粉。雨多时开花，用自身的花粉能结果的品种，
进行人工授粉也能够提高坐果率。

　　疏果　如果疏蕾做好了就没有必要疏果，
但坐果多时，在 7 月下旬 ~8 月优先疏掉小果。

　　采收　落果表明果实达到成熟，一次性采
收，放在室内 1~2 周后熟。

不结果是为什么呢?

● 剪掉了花芽

　　花芽着生在枝条顶端。回缩枝条顶
端的修剪，将花芽剪掉了，第 2 年春季
长出新枝不开花。因此，成龄树不对枝
条进行回缩修剪，疏除修剪整形即可。

不进行回缩修剪，
只是疏除修剪

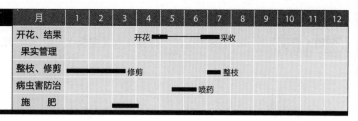

月	1	2	3	4	5	6	7	8	9	10	11	12
开花、结果				开花 ▬▬▬ 采收								
果实管理												
整枝、修剪	▬▬▬▬▬ 修剪					▬▬ 整枝						
病虫害防治					▬▬ 喷药							
施肥		▬▬										

穗醋栗 虎耳草科

栽培适宜地区：日本东北地区以北和中部高冷地区的冷凉地带

🌿 庭院栽植的培养方法

栽植（春季）

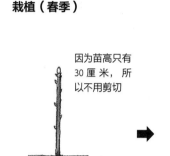

因为苗高只有30厘米，所以不用剪切

第2年（夏季）

从地面长出的枝条生长良好

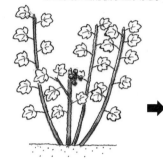

第3年（夏季）

夏季剪掉坐果的枝条和弱枝

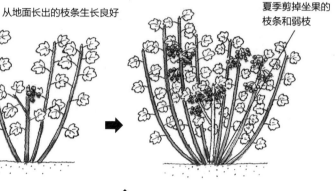

第3年（冬季）

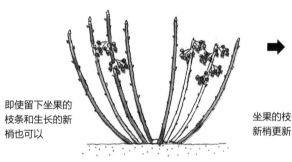

即使留下坐果的枝条和生长的新梢也可以

坐果的枝条用新梢更新

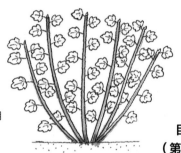

目标树形（第3年以后）

● **特点与性质** 与醋栗一样，是树高1米左右成株的灌木，属于便于庭院栽培的种类。

抗寒性强（-35℃），喜好夏季凉爽的气候，与北欧气候相似的北海道自古就有栽培。日本关东以西，因夏季高温而生长停止，要选择避开夕阳的半阴凉处、通风良好的地方栽植。除了排水不良或极度干燥的地块，对土质没有要求。

● **种类和品种** 从果实颜色上分为红色（红色种）和黑色（黑色种）。

除此之外，又从红色中培育出白果和桃色的品种。

红果的有红瑞、伦敦蜜、红祥、钻石玫瑰等。在日本市场上的苗木没有区别。

黑果的有亮叶厚皮黑豆，但在日本的市场上没有销售苗木的。

● **栽培要点** 在温暖地区，要选择夏季避光的半阴凉地栽植。

栽植 秋季栽植。

肥料 春季施入基肥。因为穗醋栗属于浅根性植物，所以将肥料撒在植株周围，浅耕

疏除

枝条多、拥挤时，适当从根部剪掉一部分，使植株基部透光

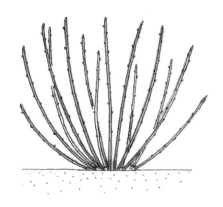

避光

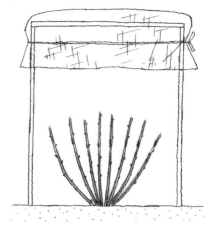

因为抵抗夏季高温、抗旱性弱，所以梅雨期过后要遮光

● 果实的着生方式与果实管理

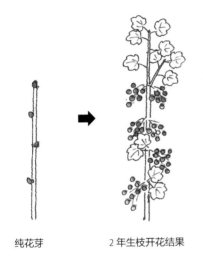

纯花芽　　　　2年生枝开花结果

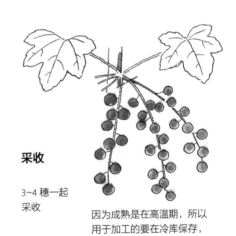

采收

3~4 穗一起采收

因为成熟是在高温期，所以用于加工的要在冷库保存，攒够了量就加工

与土混匀。

　　病虫害　在温暖地区会发生白粉病。发病初期，喷布多抗霉素 1000 倍液或甲基托布津1500 倍液进行预防。

　　避光　因为对夏季高温、干旱的抗性差，容易引起叶片枯萎，所以梅雨期过后，要罩上寒冷纱等遮光。

　　整枝、修剪　树高 1 米左右形成丛状。苗木栽植后的第 2 年春季，从根部抽生新的枝条，3 年后达到 10 根以上，形成丛状。

　　采收 3~4 年的枝条坐果率降低，要从根部疏除，用新枝更新。

　　如果枝条密挤，要进行疏除，以改善植株基部的光照。

　　● 生产优质果的要点　生长过粗的枝条会遮光，要进行适当修剪。

　　采收、保存　单果重 1 克左右的极小果实像念珠一样，形成穗状。等到顶端果实转色、完全成熟后，3~4 穗一起用指尖摘下，用于加工果汁。

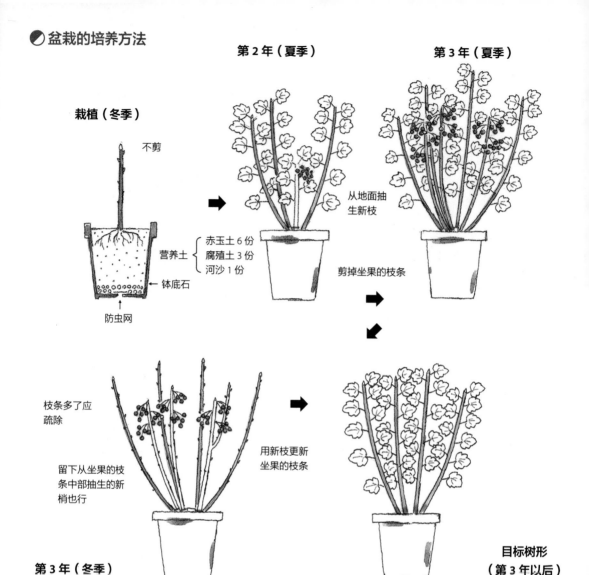

第 2 年（夏季）

第 3 年（夏季）

栽植（冬季）

不剪

营养土 ｛ 赤玉土 6 份
腐殖土 3 份
河沙 1 份

钵底石

防虫网

从地面抽生新枝

剪掉坐果的枝条

第 3 年（冬季）

枝条多了应疏除

留下从坐果的枝条中部抽生的新梢也行

用新枝更新坐果的枝条

目标树形
（第 3 年以后）

　　用于制作果酱和果冻的要早采，因为果胶含量多了好。

　　● **盆栽的要点**　避开强光，防止叶片被灼伤。

　　栽植　3 月栽植于 5 号盆。

　　放置场所　梅雨过后，移到避开高温干燥和强日照的地方。

　　肥料　3 月施入 2~3 个玉肥。

　　整枝、修剪　因为枝条具有直立性，所以培养成 4~5 根的丛状形。因为结果 2 年左右的枝条抽生新梢的能力减弱，所以要从基部剪掉，用新枝更新。对短枝和细枝要进行疏除修剪。

　　授粉　用毛笔尖在雄蕊、雌蕊上来回摩擦，提高坐果率。

　　换盆　每隔 1 年换盆 1 次。

　　购买的盆栽的管理　在日本，市场上有袋果盆景的红果种类。如果放在室内观赏，需要放在明亮的地方且不能超过 3 天，要再搬到屋前半阴凉处接受光照。

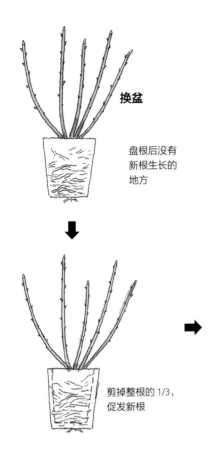

换盆

盘根后没有
新根生长的
地方

剪掉整根的 1/3，
促发新根

● 剪掉了花芽

修剪了枝条后，当年不结果。穗醋栗是在上一年抽生的枝条（2 年生枝）前端 4~5 节着生花芽，对枝条前端进行回缩修剪后，因为剪掉了花芽，所以不会开花，无论如何也不会结果。老枝上几乎不会抽生新梢，但是可以看到前一年枝条上着生花芽结果的现象。

不要回缩生长良好的 2 年生枝条，对于枝条，要从基部进行疏除修剪。不会长出长的新梢的老枝，也要从基部修剪，用新的 2 年生枝条更新。

● 树体衰弱

上一年挂果良好的盆栽，今年不结果了。

果树盆栽多数种类，都是栽植 3~4 年后会大量结果上市，但庭院栽植才刚刚开始挂果。穗醋栗 2~3 年后就可以销售果实，原因是根已经将盆占满，就像树木长成成龄树的状态，结果更好。今年结果不良是因为盘根造成老树的状态，或上年结果过多树体衰弱没有着生花芽。结果过多，第 2 年春季就要换盆养树。

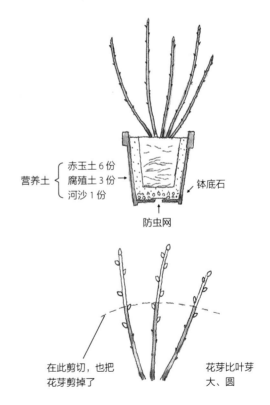

营养土 ⎰ 赤玉土 6 份
腐殖土 3 份
河沙 1 份

钵底石

防虫网

在此剪切，也把
花芽剪掉了

花芽比叶芽
大、圆

葡萄

葡萄科

栽培适宜地区：日本山梨、濑户内等从春季到夏季少雨的地区

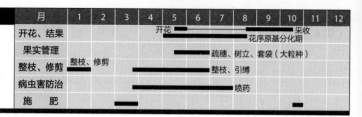

月	1	2	3	4	5	6	7	8	9	10	11	12
开花、结果					开花					采收		
										花序原基分化期		
果实管理							疏穗、树立、套袋（大粒种）					
整枝、修剪		整枝、修剪						整枝、引缚				
病虫害防治								喷药				
施 肥												

🍇 庭院栽植的培养方法

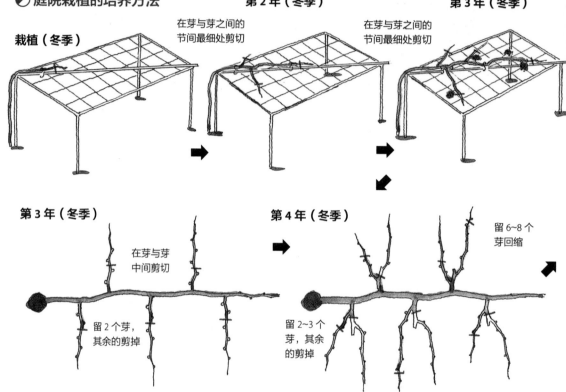

栽植（冬季）

第 2 年（冬季） 在芽与芽之间的节间最细处剪切

第 3 年（冬季） 在芽与芽之间的节间最细处剪切

第 3 年（冬季） 在芽与芽中间剪切 留 2 个芽，其余的剪掉

第 4 年（冬季） 留 2~3 个芽，其余的剪掉 留 6~8 个芽回缩

※ 如果棚架大，则可以延长侧枝。

● **特点与性质** 由于葡萄是蔓性植物，如果在支撑树体的支柱或篱笆上下功夫，枝条造型会非常有趣。

在日本，葡萄主要作为鲜食栽培，但世界上主要作为酒的原料栽培。在夏季一半时间多雨的日本，美洲系品种容易栽培，如果是在光照好的地方，也耐干旱、瘠薄，对土质几乎没有要求。

● **种类和品种** 欧洲系品种一定要搭建玻璃温室等避雨设施，一般不主张庭院栽培。众

所周知美洲系红果小粒无籽葡萄特拉华、红果早熟大穗的龙宝、黑果早熟中穗的斯蒂本、晚熟大穗中粒的蓓蕾玫瑰 A、绿果大穗中粒香味浓郁的尼加拉，都是容易管理的品种。

● **栽培要点** 避开遭受强风的地方。

栽植 适宜时期为 12 月或 3 月。购买嫁接在脱毒砧木上的 1 年生苗木。在大量的细根中，对受伤的根端重新修剪后栽植。

病虫害 对于使嫩枝、芽片和果实上有黑点的黑痘病，以及采收前使果实腐烂的晚腐病，

112

目标树形（第 4 年以后）

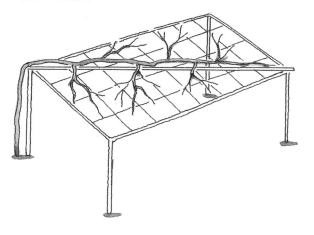

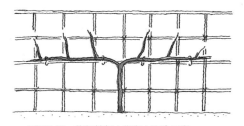

缩短主干，将新梢朝上绑在上面也可以

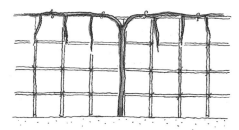

将主枝绑在篱架上左右延伸，新梢朝下向下延伸

混合花芽

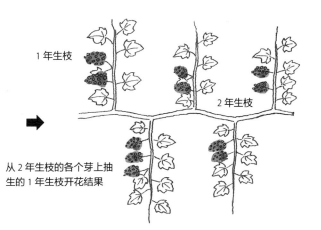

从 2 年生枝的各个芽上抽生的 1 年生枝开花结果

萌芽前用菌毒清 250 倍液和石灰硫黄合剂混喷。

叶片展开至盛花期喷布代森锰锌 600 倍液 2~3 次。

整枝、修剪　栽植场所应能搭建棚架形（背头形）、篱架形，没有将枝条引缚成棒状或竿状的地方。

● **生产优质果的要点**　细致疏穗、疏粒。

疏穗　无籽的特拉华在开花前，留下中间的 2 个花穗，去掉副穗，开花 3 周前用植物生长调节剂（10000 倍液）处理，落花后 10~14 天再次处理。

授粉　没有必要。

疏粒　除特拉华以外的品种，在花后第 3 周，1 枝留 1 穗坐果好的，大粒品种留 30~50 粒，进行疏果。果粒紧密时，留下膨大好的果实，其余的疏掉。

套袋　大粒品种疏果后直接进行套袋。

采收　无论是用于鲜食，还是用于制作果酒、果冻，果实都需要达到饱满的色泽、特有的香味，才可采收。

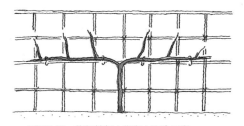

葡萄

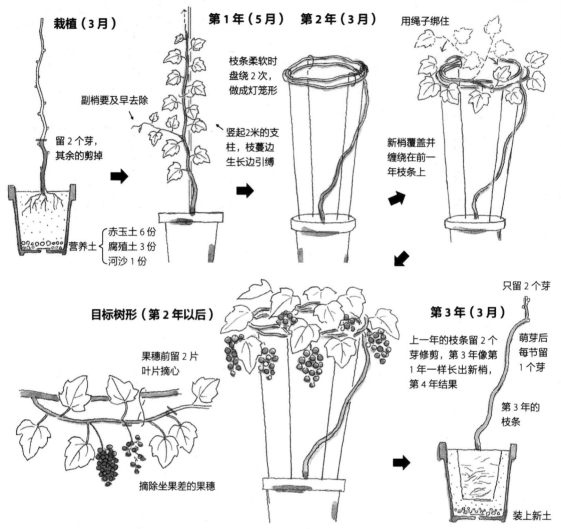

栽植（3月） **第1年（5月）** **第2年（3月）** 第2年（5~6月）

留2个芽，其余的剪掉

副梢要及早去除

枝条柔软时盘绕2次，做成灯笼形

竖起2米的支柱，枝蔓边生长边引缚

用绳子绑住

新梢覆盖并缠绕在前一年枝条上

营养土 { 赤玉土6份 腐殖土3份 河沙1份

目标树形（第2年以后）

果穗前留2片叶片摘心

摘除坐果差的果穗

第3年（3月）

上一年的枝条留2个芽修剪，第3年像第1年一样长出新梢，第4年结果

只留2个芽

萌芽后每节留1个芽

第3年的枝条

装上新土

● **盆栽的要点** 栽植第1年要做好充分的管理，使新梢长得更长。

栽植 苗木即使用扦插苗（自根苗）也可以。细根不要剪短，盘在花盆里种植。

放置场所 放在通风、光照好的地方。但强风天气要移到受风较小的地方。在梅雨季节放在不被雨淋的明亮地方。

整枝、修剪 栽植当年新梢引缚到支柱上，直立生能达到1.5~2.0米，进行叶片管理。第2年春季做成灯笼形。

疏穗 特拉华留5穗，尼加拉、斯蒂本留3穗，龙宝、蓓蕾玫瑰A留2穗，进行疏穗。

疏粒、授粉、套袋 以庭院栽植为准。

换盆 每隔1年换盆1次，基本新梢留2个芽回缩，如果培养新梢，每隔1年就能见到产量，但是如果使用扦插式培养苗木，最好换上新苗。

购买的盆栽的管理 除了充分浇水以外，只要保证光照好，就有产量。

● 上一年结果过多

因为葡萄的小花集中着生形成穗状，所以被称为花穗。特拉华等，由于果穗多、养分输送不畅，导致果实色泽难以转化成漂亮的红色，渐渐就被称为"绿特拉"。另外，果穗多、树势弱，下一年难以形成花芽。因此，花多时，要如下图一样疏穗。

特拉华，在开花前2周留下中间的2穗，其余的疏掉，去除留下2穗的小穗（副穗）

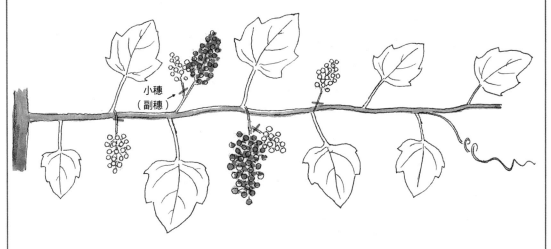

小穗
（副穗）

● 果粒不大

原因是没有疏粒。因为结果过多，果粒密挤，所以不能膨大。疏掉发育不良的果粒等，有利于留下的果粒膨大成果粒质量一致的优质果。

因为果粒容易密挤着生，所以疏掉发育不良的果粒或小粒果，更有利于保证果粒的一致性

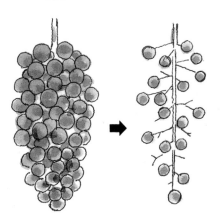

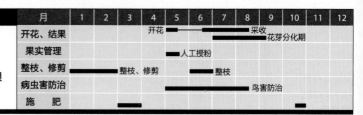

月	1	2	3	4	5	6	7	8	9	10	11	12
开花、结果				开花			采收		花芽分化期			
果实管理					人工授粉							
整枝、修剪	整枝、修剪						整枝					
病虫害防治								鸟害防治				
施 肥												

蓝莓 葡萄科

栽培适宜地区：高丛蓝莓适合寒地，兔眼蓝莓适合温暖地区

◗ 庭院栽植的培养方法

栽植（冬季）

挖直径 50 厘米、深 30~40 厘米的穴，用 1 桶以上的泥炭土与挖上来的土混匀

栽植后，盖上落叶或稻壳等，防止干燥

第 2 年（冬季）

疏除内向枝和弱枝

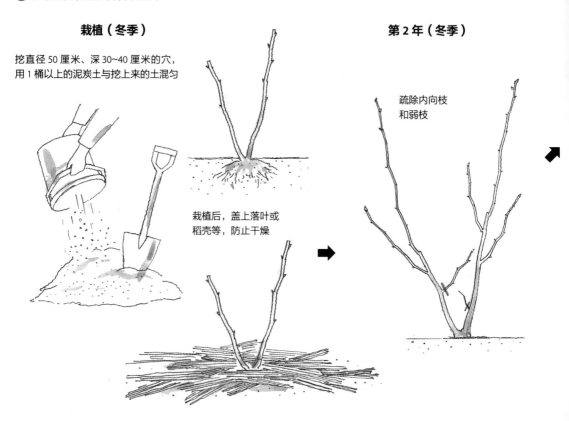

● 特点与性质　由美国人从野生种改良而来，战后日本开始引入试验，作为一种新的小果类果树栽植不足 40 年。

稍耐光照不足的地方，与杜鹃等特性相同，根细、根浅，喜好通气性好的酸性轻质土壤。

● 种类和品种　种类大致可分为 2 个系统，耐寒的高丛蓝莓适合日本中部高冷地区和东北地区栽植。在该种类中，最好选择早熟中果（单果重 1.8 克）具有香味的早蓝、中熟坐果率高大果（单果重 2.3 克）的蓝光、晚熟的赫伯特。

在日本关东以西适合栽植兔眼蓝莓。早熟中果（单果重 1.5 克）的乌达德和乡铃、晚熟的梯芙蓝都能买到。

● 栽培要点　施入与泥炭土性质一样的肥料。

栽植　能买到营养钵苗。除了秋栽（11 月下旬~12 月上旬）或春栽（3 月），还能用营养钵苗在进入初秋的 9 月栽植。

肥料　10 月下旬施入混合肥料。

整枝、修剪　栽植后 3 年左右，为了培

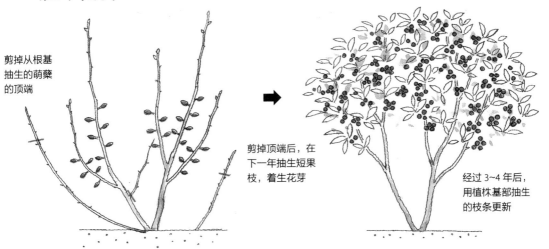

剪掉从根基
抽生的萌蘖
的顶端

剪掉顶端后，在
下一年抽生短果
枝，着生花芽

经过 3~4 年后，
用植株基部抽生
的枝条更新

🍃 果实的着生方式

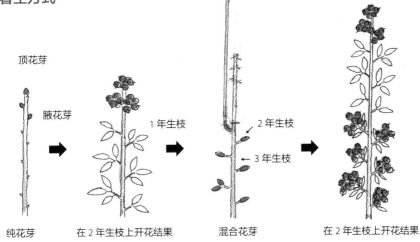

顶花芽

腋花芽

1 年生枝

2 年生枝

3 年生枝

纯花芽

在 2 年生枝上开花结果

混合花芽

在 2 年生枝上开花结果

养树势而停止对弱枝的修剪。树势强壮后，经 4~5 年，就会从植株基部抽出长势好的新梢（根蘖）。被称为萌蘖的新梢或从植株基部及稍远地方抽生的、长势好的枝条，留下 3~4 根作为主枝，剪掉不要的根蘖或萌蘖，培养树形。

因为结果 3~4 年的枝条会出现坐果不良的现象，所以要通过修剪用嫩枝更新。

●生产优质果的要点 2 个以上品种混栽。

疏蕾 通过修剪减少花芽数量。

采收、贮藏 高丛蓝莓在落花后 50~60

天进入成熟期；兔眼蓝莓在落花后 60~70 天进入成熟期。

●盆栽的要点 选用加入泥炭土的营养土。

栽植 3 月进行栽植。除了使用 5~8 号营养钵假植外，也可以用种植箱假植，用长 1 米、宽 25 厘米、高 18 厘米的种植箱，间隔 20 厘米放入 5 根。

放置场所 要将夏季夕阳照射导致高温地方的苗木移到通风好的地方。

因为高丛蓝莓喜好冷凉气候，所以要注

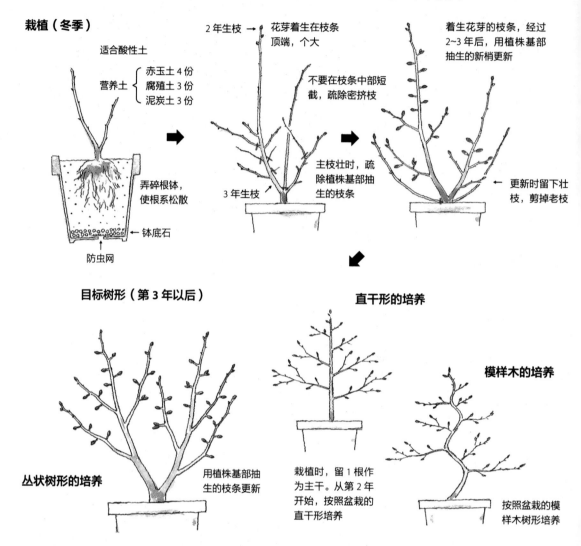

栽植（冬季）

适合酸性土

营养土 { 赤玉土4份
        腐殖土3份
        泥炭土3份

弄碎根钵，使根系松散

钵底石

防虫网

第2年（冬季）

2年生枝 →

花芽着生在枝条顶端，个大

不要在枝条中部短截，疏除密挤枝

3年生枝 →

主枝壮时，疏除植株基部抽生的枝条

第3年（冬季）

着生花芽的枝条，经过2~3年后，用植株基部抽生的新梢更新

更新时留下壮枝，剪掉老枝

目标树形（第3年以后）

丛状树形的培养

用植株基部抽生的枝条更新

直干形的培养

栽植时，留1根作为主干。从第2年开始，按照盆栽的直干形培养

模样木的培养

按照盆栽的模样木树形培养

意越夏。

施肥　3月在盆边压入玉肥。

整枝、修剪　要培养丛状树形，以选留的2根主枝为中心配备枝条。从植株基部抽生的根蘖停长早，因其在枝条顶端着生花芽，所以也可以利用。作为盆栽的新树种，培养成直干形或模样木形也很有趣。

疏蕾、疏果　因为是小果型树种，所以没

有必要进行疏蕾、疏果。

授粉　用毛笔尖轻碰钟状花朝下开放的花瓣前端，与其他品种相互授粉。

换盆　为保证结果，每年3月进行换盆。

购买的盆栽的管理　如果是在明亮的室内，能观赏1周左右。其后，在光照好的地方放置1周，恢复树势，再搬到室内观赏。完全成熟后即可采收品尝。

● 枝条老化

　　蓝莓的枝条，结果 3~4 年后，就会出现结果不良。因此，不进行修剪任其发育，慢慢就不结果了。剪掉老化的枝条，有利于新的枝条发育。

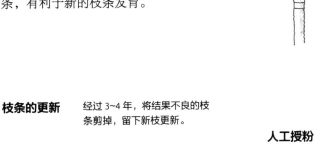

人工授粉

枝条的更新　经过 3~4 年，将结果不良的枝条剪掉，留下新枝更新。

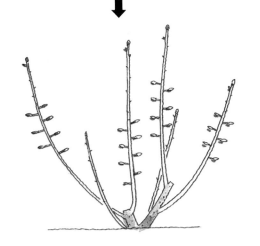

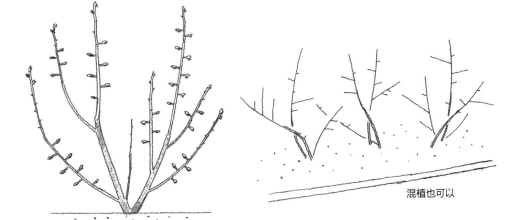

混植也可以

● 没有授粉

　　即使 1 个蓝莓品种也能栽植，但难以结果尤其是兔眼蓝莓，利用自己的花粉不能结果，必须要用其他品种的花粉进行授粉。用毛笔尖等与其他品种相互间进行人工授粉，才能保证坐果。但实际上难以实现，所以最好将乌达德、乡铃、梯芙蓝 3 个品种混栽，实现自然授粉。

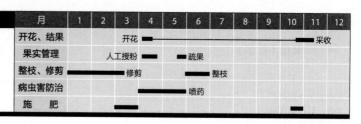

榅桲

蔷薇科

栽培适宜地区：日本中部高冷地区或北关东以北的少雨地区

月	1	2	3	4	5	6	7	8	9	10	11	12
开花、结果			开花							采收		
果实管理		人工授粉		疏果								
整枝、修剪			修剪			整枝						
病虫害防治				喷药								
施 肥												

🍃 庭院栽植的培养方法：U字形培养

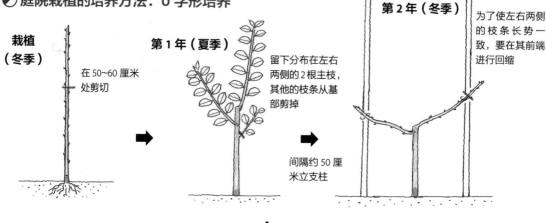

栽植（冬季） 在50~60厘米处剪切

第1年（夏季） 留下分布在左右两侧的2根主枝，其他的枝条从基部剪掉

间隔约50厘米立支柱

第2年（冬季） 为了使左右两侧的枝条长势一致，要在其前端进行回缩

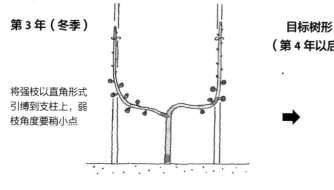

第3年（冬季） 将强枝以直角形式引缚到支柱上，弱枝角度要稍小点

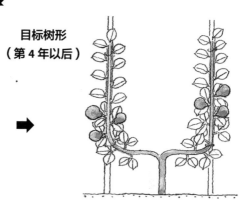

目标树形（第4年以后）

● **特点与种类** 果实硬不能生吃，但香味浓，能加工成果酱等。抗寒性强，适合栽植在少雨的地方。

品种有日本本地种、苏秘如娜、橘子、冠军等，但在日本的市场上销售的苗木没有区分品种。

● **栽培要点** 因为易患赤星病，所以要在早春进行防治，避免与柏树类混栽。

栽植 因为抗寒性强，所以在12月～第2年3月间都可以栽植。盆栽在3月进行栽植。

肥料 在3月和10月分2次施入混合肥料。

病虫害 叶片上初见赤星病的小病斑时喷布粉锈宁可湿性粉剂1000倍液进行防治。为害果实的食心虫，通过疏果后套袋进行防治。

● **生产优质果的要点** 进行人工授粉、适当疏果，再通过套袋防治病虫害。

修剪 因为直立性生长不强，所以难以长成大型树木。通过立支柱，使其主干直立生长，培养成主干形或U字形。

● 盆栽的培养方法

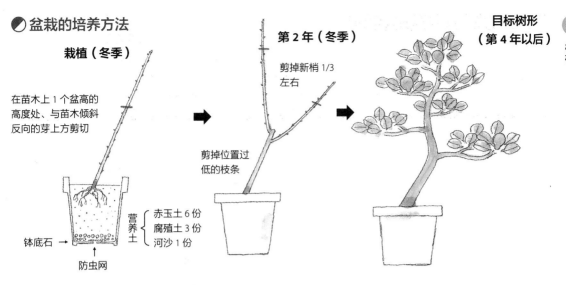

栽植（冬季）

在苗木上 1 个盆高的高度处、与苗木倾斜反向的芽上方剪切

钵底石 →

防虫网

营养土 ⎰ 赤玉土 6 份
腐殖土 3 份
河沙 1 份

第 2 年（冬季）

剪掉新梢 1/3
左右

剪掉位置过低的枝条

**目标树形
（第 4 年以后）**

● 果实的着生方式与果实管理

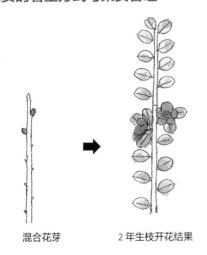

混合花芽

2 年生枝开花结果

　　人工授粉　因为用自身（同一品种）的花粉授粉不结果，属于自花结实性弱的种类，所以要用其他品种的花粉进行人工授粉。

　　疏果　如果结果过多，在花后 1 个月按照 40 片叶留 1 个果的标准进行疏果。如果是盆栽，则每盆留 2~3 个果。

　　采收、观赏　果实表面覆盖有软毛，到了成熟期，果皮呈现黄色或橙黄色，散发着香味，就可以采收了。盆栽脱袋后供观赏、采收。

── 不结果是为什么呢? ──

● **没有授粉**

　　因为楙楟利用自身花粉难以结果（自花结实性弱），所以单株栽植几乎不结果。必须要用其他品种的花粉进行人工授粉。要想生产优质果就一定要疏果。

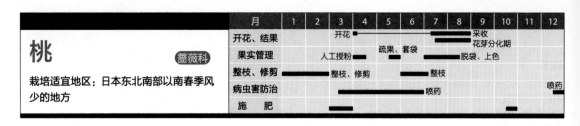

月	1	2	3	4	5	6	7	8	9	10	11	12
开花、结果				开花 ▬▬▬				采收 花芽分化期				
果实管理		人工授粉			疏果、套袋			脱袋、上色				
整枝、修剪		整枝、修剪				整枝						
病虫害防治						喷药				喷药		
施　肥												

桃　[蔷薇科]

栽培适宜地区：日本东北南部以南春季风少的地方

🌀 庭院栽植的培养方法

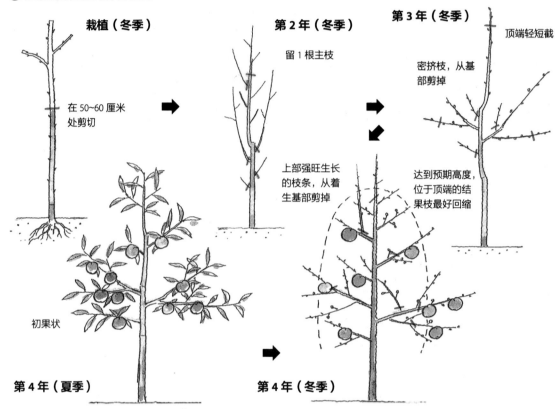

栽植（冬季）　在 50~60 厘米处剪切　初果状

第 2 年（冬季）　留 1 根主枝

第 3 年（冬季）　顶端轻短截　密挤枝，从基部剪掉　上部强旺生长的枝条，从着生基部剪掉　达到预期高度，位于顶端的结果枝最好回缩

第 4 年（夏季）

第 4 年（冬季）

● **特点与性质**　由于果实在夏季高温季节成熟，所以风味最佳期的果实最易受伤。即便是庭院园艺也体会不到这种乐趣，这么说也不为过。

日本东北地区中部以南的地方都可以栽培，喜光、耐旱，对土质没有特殊要求，但要避开强风场所或湿地。

● **种类和品种**　大致分为球形的普通桃、扁平的蟠桃、果皮没毛的油桃。梅雨时期成熟的早熟品种，甜味不足，如果能弥补这个缺点就最好了。

在普通桃中，白肉的白凤和拂晓单果重约 200 克，随着成熟，果肉与种子容易分离（离核）的大久保，果个比其大近一圈，并能利用自身花粉结实，甜味浓，是容易管理的品种。

蟠桃有开 8 次花并且非常漂亮的八重蟠桃，油桃有黄肉、风味浓厚的兴津、秀峰。树体高度在 1 米以下、黄肉的矮化种黄金巨蟠早熟，适合狭小庭院或盆栽，用于观赏，果实一般加砂糖煮水品尝。

● 果实的着生方式与果实管理

疏果

长果枝留 2~3 个果、30 厘米左右的中果枝留 1 个果、短果枝每 3 根留 1 个果，按照这个标准进行疏果

果实的着生方式

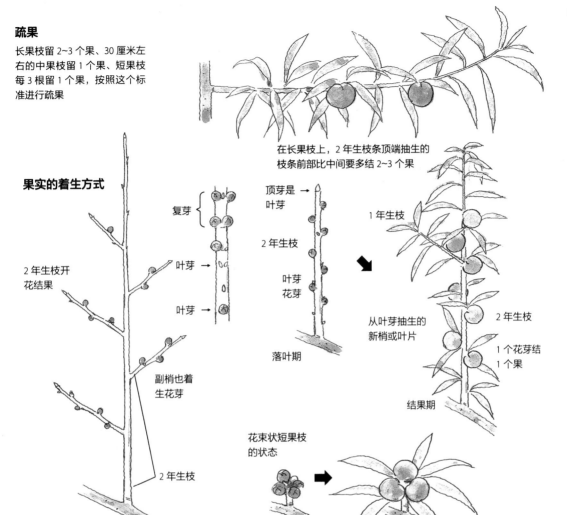

在长果枝上，2 年生枝条顶端抽生的枝条前部比中间要多结 2~3 个果

顶芽是 → 叶芽

2 年生枝

叶芽
花芽

落叶期

1 年生枝

从叶芽抽生的新梢或叶片

2 年生枝

1 个花芽结
1 个果

结果期

复芽

叶芽 →

叶芽 →

2 年生枝开花结果

副梢也着生花芽

2 年生枝

花束状短果枝的状态

● **栽培要点** 注意及早防治病虫害。

栽植 在 12 月~第 2 年 3 月进行栽植。

肥料 每年采收后施入混合肥料。

病虫害 春季生长的叶片和枝条患有缩叶病。萌芽前，充分喷布石硫合剂 10 倍液。

整枝、修剪 因为枝条具有开张特性，放任其生长会占据较大空间，所以要培养成主干形。

● **生产优质果的要点** 最好选择利用自身花粉就能结果的品种。

人工授粉 因为所选品种能够利用自身花粉进行结果，所以通常没有必要进行人工授粉。

疏果 分 2 次进行，开花后 4 周是第 1 次，5 月中下旬完成疏果。

套袋 疏果后直接进行套袋。

采收 因为要依靠光照着红色，所以在果实膨大近成熟期开始转为浅绿色时，白凤在采收前 8~10 天、大久保在采收前 1 周，除去果袋上半部分，露出果实一半使其着色，再在采收前 3~5 天除去果袋，待形成漂亮的红色、散发出香味，就可采收完全成熟的果实了。

盆栽的培养方法

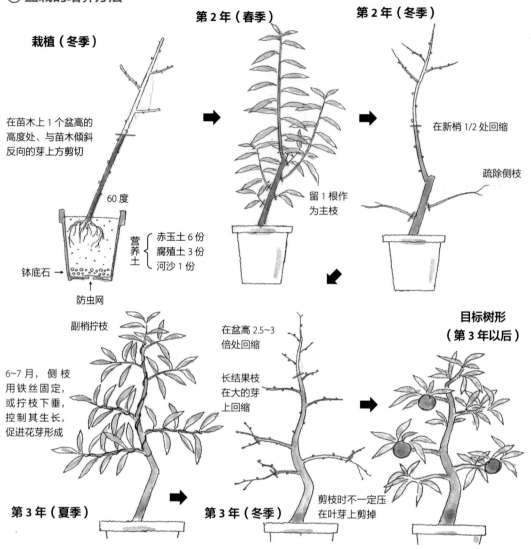

栽植（冬季）

在苗木上 1 个盆高的高度处、与苗木倾斜反向的芽上方剪切

60 度

钵底石 →

防虫网

营养土 ｛ 赤玉土 6 份
腐殖土 3 份
河沙 1 份

第 2 年（春季）

留 1 根作为主枝

第 2 年（冬季）

在新梢 1/2 处回缩

疏除侧枝

副梢拧枝

6~7 月，侧枝用铁丝固定，或拧枝下垂，控制其生长，促进花芽形成

第 3 年（夏季）

在盆高 2.5~3 倍处回缩

长结果枝在大的芽上回缩

第 3 年（冬季）

剪枝时不一定压在叶芽上剪掉

目标树形
（第 3 年以后）

● 盆栽的要点　放在光照好的地方。

栽植　3 月换到 6~8 号营养钵中。

肥料　3 月在盆边施入 3~4 个玉肥。

整枝、修剪　最好培养成模样木矮化品种，利于盆栽，几乎不怎么整枝，也能形成半圆形的树形。

授粉　因为利用自身花粉能够结果，所以用毛笔尖在花中摩擦的方式进行人工授粉。

疏果　5 月中下旬，按照 10 厘米长的枝条留 1 个果的标准疏果。6 月上中旬，按照普通品种留 3 个果、矮化品种留 5 个果的标准，再次进行疏果。

购买的盆栽的管理　将买到的矮化品种的盆栽，放在阳台或走廊等光照好的地方观赏，成熟后加色拉或砂糖煮水品尝。不能忽视水分管理。采收后按照庭院栽植的方法管理，第 2 年春季进行换盆。

● 没有授粉

经常听到有人说"只开花不结果"，但树体却长得很大，准确地说是没有授粉（受精）。

桃的多数品种没有花粉，白桃是其代表品种。白桃要结果，必须进行人工授粉。不仅要在附近种植花粉量大的白凤、大久保等，还要通过人工授粉确保坐果。

最简单的方法是：利用白凤或大久保能散发花粉的花（雄蕊），直接在白桃的花柱头上摩擦，1朵花的花粉能授粉5~6朵花。在白桃的花半开和盛开时进行2次人工授粉，确保坐果。

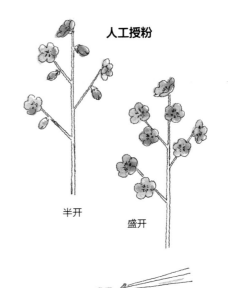

人工授粉

半开　　　盛开

在半开和盛开时共进行2次人工授粉

套袋

套在结果枝上

不要进行一次性除袋。首先，将果袋横向撕掉一半，让果实露出一半，根据成熟情况采收。

● 油桃套袋防裂果

以油桃为例，庭院栽培进行套袋，可以防止裂果和害虫为害。果袋用蜡纸最好，但报纸和牛皮纸也可以。将一张报纸剪成8份，对折后的大小就行。在报纸上涂上植物油（20%的胡麻油与机油混合），增强纸的透光率，让光线照射到果实上。牛皮纸与报纸一样。

因为桃的果梗短，所以将细绑扎丝绑在结果枝上。

杨梅

杨梅科

栽培适宜地区：日本关东南部以西太平洋沿岸的温暖地区

月	1	2	3	4	5	6	7	8	9	10	11	12
开花、结果			开花			采收		花芽分化期				
果实管理		人工授粉		疏果								
整枝、修剪	修剪						整枝					
病虫害防治				防治								
施 肥												

庭院栽植的培养方法

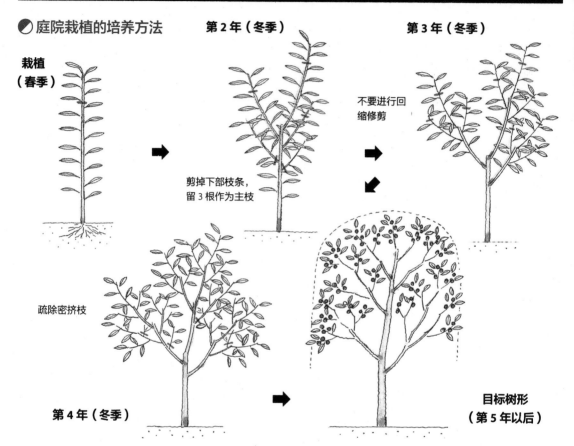

栽植（春季）

第 2 年（冬季）
剪掉下部枝条，留 3 根作为主枝

第 3 年（冬季）
不要进行回缩修剪

目标树形（第 5 年以后）

第 4 年（冬季）
疏除密挤枝

●特点与种类　原产于日本和中国南部，喜温暖气候，广泛分布于日本千叶县以西的太平洋沿岸。雌雄异株的常绿高大乔木，树高达十余米。

栽培种也是从野生种中选育而来的，但主要以果粒大的瑞光、森口进行栽培。

●栽培要点　瑞光、森口等是雌品种，要栽植授粉用的雄品种。

栽植　越冬后的 3 月~4 月上旬栽植。

肥料　因为根系具有固氮的共生菌，所以即使在贫瘠地也能正常发育，施入少量肥料即可。

如果是盆栽，3 月在盆边压入玉肥。

病虫害　因为枝干上的肿瘤病会引起枝枯，所以发病的苗木要挖出来烧掉。在春季和夏季为害叶片，导致叶片卷曲的卷叶虫，通过人工捕杀或喷布杀螟硫磷 1000 倍液进行防治。

●连年丰产的要点　为了防止隔年结果，每年要对枝条进行疏除修剪。盆栽时要疏果。

修剪　因为是灌木，主干长高到 2.5 米，枝条就会横向生长，所以要进行疏除修剪或

126

● 盆栽的培养方法

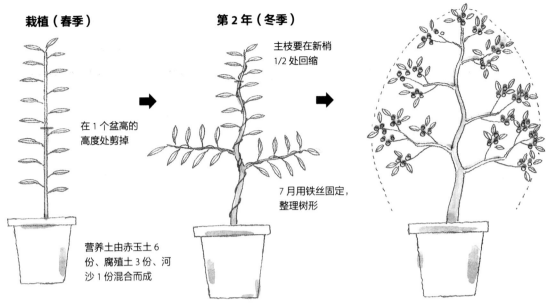

栽植（春季）

第 2 年（冬季）

目标树形
（第 4 年以后）

杨梅

在 1 个盆高的
高度处剪掉

营养土由赤玉土 6
份、腐殖土 3 份、河
沙 1 份混合而成

主枝要在新梢
1/2 处回缩

7 月用铁丝固定，
整理树形

● 果实的着生方式

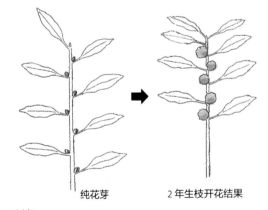

纯花芽　　　2 年生枝开花结果

引缚。

授粉　如果是盆栽，用毛笔尖在雄花穗上采集花粉，给雌花进行人工授粉。如果是庭院栽植，雌花开花期遇到多雨天气时，要用塑料防雨布避雨。

疏果　庭院栽植不进行疏果。盆栽每根枝条留 2 个果，每盆留 8~10 个果，结果多的枝条要进行疏果。

采收　果实达到暗红紫色时就完全成熟了，可采收，生吃或用于加工。

不结果是为什么呢？

● 因为把花芽剪掉了

作为庭院树木的杨梅，成长的枝条形如口朝下的罩子，这样着生花芽的枝条前端经常被剪掉，所以不结果。能结果的树形，是接近自然树形的主干形，大部分枝条横向生长，需要引缚，不要回缩着生花芽的新梢，只对长枝进行疏除修剪，整理树形。

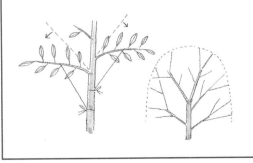

127

香橙、花柚 <small>（柑橘科）</small>

栽培适宜地区：日本东北南部以南都可以栽培

● 庭院栽植的培养方法：扫帚形培养（花柚）

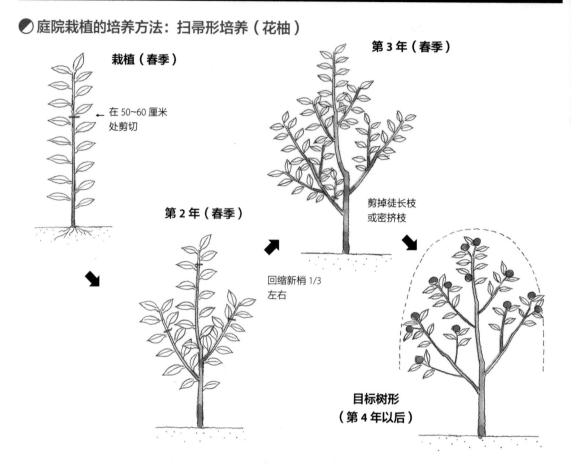

栽植（春季）

← 在 50~60 厘米处剪切

第 2 年（春季）

回缩新梢 1/3 左右

第 3 年（春季）

剪掉徒长枝或密挤枝

目标树形（第 4 年以后）

● **特点与性质**　香橙在日本东北地区南部以南的地方都能栽培。不能生吃，但可以说是能够品尝到香味或酸味的香酸柑橘的代表品种。冬至时熬制香橙汤，是日本自古就有的民俗活动。

花柚树体较小，果实是仅有香橙一半（单果重 50 克）的小型果，香味与香橙相当，是每年都能正常结果的观果庭院树木。花为纯白色，香味浓郁，花柚之名由此而来。

● **种类和品种**　香橙的品种全是没有种子、几乎无刺的多田津。

虽然从历来的实生种中将早果、刺少等选作优系，但在日本的市场上买到的苗木全是多田津。多田津早果、丰产性强，从第 3 年开始，就能结 80 克以上的果实。

花柚是一个种类，没有品种之分。即使盆栽也有销售的，苗木易得。

● **栽培要点**　选择早果、丰产的品种或品系栽植。

栽植　选择不受夕阳强烈照射的地方，在

半圆形培养（香橙）

第 2 年（春季）~ 第 3 年（春季）

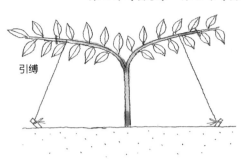

引缚

目标树形
（第 4 年以后）

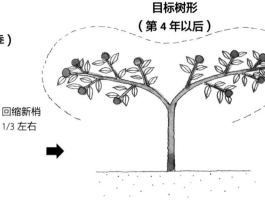

回缩新梢
1/3 左右

疏蕾 没有叶片或叶片少的
枝条，疏掉花蕾

1 年生枝和 2 年
生枝均开花结果

混合花芽

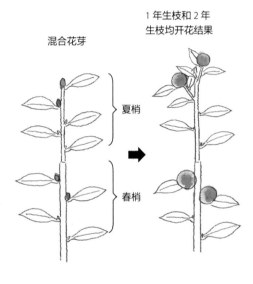

夏梢

春梢

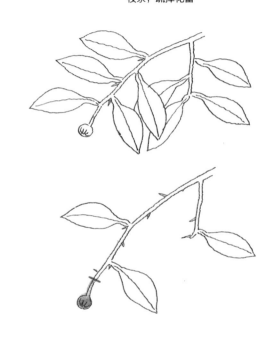

越冬后的 3 月中下旬栽植苗木。

肥料 萌芽前的春肥、10 月中下旬的秋肥，分 2 次施入混合肥料。

病虫害 为了防治介壳虫类、煤污病，可喷布机油乳剂 30 倍液。黑点病的防治，配合清除枯枝来进行。

整枝、修剪 培养成小型的主干形或半圆形。有刺的品系，内侧枝条的管理或采收比较麻烦，整枝、修剪时要注意。

因为花柚属于小型树木，所以疏除密挤枝即可。

● 生产优质果的要点 叶片多的枝条结果能力强，也要注意疏果。

采收、贮藏 8 月下旬 ~10 月中旬，绿色的果实可随时采收利用。果实着色 70%~80% 黄时采收，果汁含量多、果皮着色也漂亮，正值品尝期。这种着色程度的果实也适合贮藏，而充分着色的果实，放置 2~3 周，就会出现果实脱水。此时，将其装入塑料袋，放在 3~5℃ 的环境下贮藏 2 个月备用。完全成熟的果实可

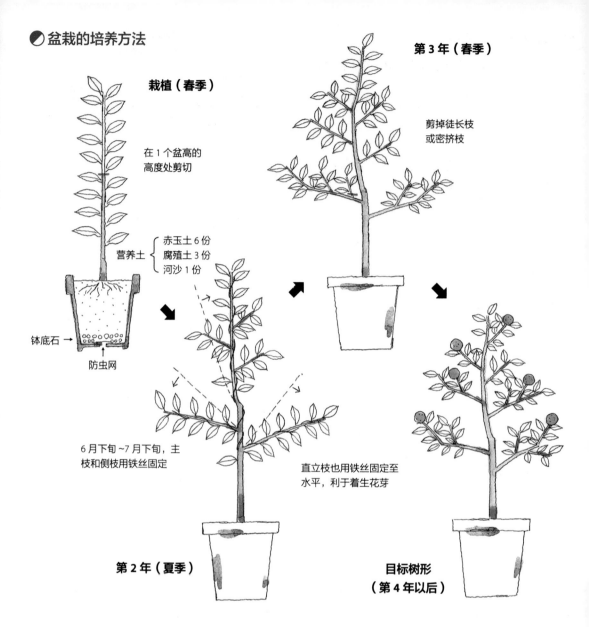

栽植（春季）

在1个盆高的高度处剪切

营养土 ⎰ 赤玉土6份
⎱ 腐殖土3份
⎰ 河沙1份

钵底石 →

防虫网

6月下旬~7月下旬，主枝和侧枝用铁丝固定

第2年（夏季）

第3年（春季）

剪掉徒长枝或密挤枝

直立枝也用铁丝固定至水平，利于着生花芽

目标树形（第4年以后）

用于制作年末的香橙汤或新年的菜肴。

● 盆栽的要点　冬季搬到不受干冷风危害的地方，或罩上塑料薄膜，保护叶片水分。

栽植　3~4月栽植到6~8号营养钵中。

放置场所　夏季放在不受夕阳照射的半阴凉处，冬季移到不受干冷风危害的地方。

施肥　3月和10月施入玉肥。

整枝、修剪　树高以盆高2.5~3倍为目标，培养成模样木，直立枝用铁丝固定至水平以下，便于着生花芽。

人工授粉　用毛笔尖在花中来回摩擦的方式，进行人工授粉。多田津没有必要授粉。

疏果　从7月下旬开始，利用绿果随时疏果。香橙每盆留3个果，花柚每盆留5~6个果。

换盆　想要连年结果，则每隔1年换盆1次。

购买的盆栽的管理　购买带有绿果的盆栽，如果加强水分管理，很快就会着色。整个12月都可采收。

● 营养不良

　　曾被问道：结果量大，冬季就会落叶，下一年是否还结果？

　　此时香橙叶片脱落，是叶片中养分逐渐变少的缘故。叶片中存有 40%~50% 的养分，在采收后回流到枝条内，引起生理落果。不疏果或结果过多，叶片的养分会被大量的果实吸取，叶内的养分剧烈减少造成落叶。要进行适当疏果，并不是肥料不足。特别是不要引起镁元素不足，施入苦土石灰即可。

施入苦土石灰

疏果

6 月下旬 ~7 月上旬，按照 8~10 片叶留 1 个果的标准，疏掉发育不良的果实或同一部位过多的果实

盆栽越冬

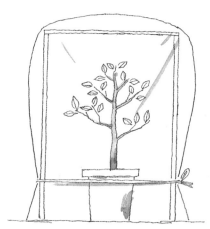

移到不受干冷风危害的地方，或用塑料薄膜设施罩住等，防止叶片中的水分流失，保持水分适度，预防落叶，这样即使在室外也能越冬

月	1	2	3	4	5	6	7	8	9	10	11	12
开花、结果			开花 ■		■ 采收							
果实管理				■ 疏果								
整枝、修剪	■■■■■					■■ 整枝						
病虫害防治												
施 肥			■■							■		

毛樱桃 蔷薇科

栽培适宜地区：在日本全国都可以栽培，适合旱地

庭院栽植的培养方法

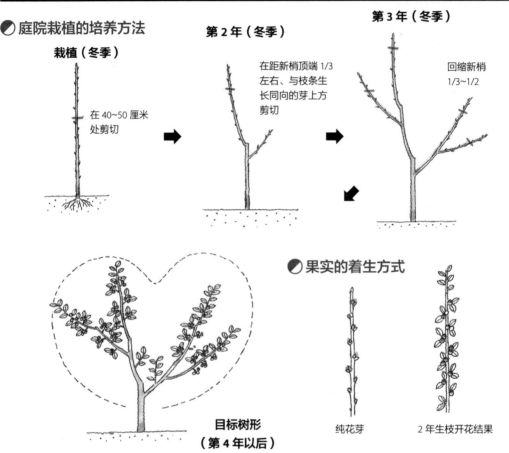

栽植（冬季）

在 40~50 厘米处剪切

第 2 年（冬季）

在距新梢顶端 1/3 左右、与枝条生长同向的芽上方剪切

第 3 年（冬季）

回缩新梢 1/3~1/2

目标树形（第 4 年以后）

果实的着生方式

纯花芽

2 年生枝开花结果

● 特点与种类　从中国华北到东北地区再到朝鲜半岛，都有野生种和栽培种，并有成熟果实销售，但在日本还未发现。毛樱桃是树高在 2 米以下的小灌木，在中国，根据果实大小分为多个品种，但在日本只有红果和白果 2 种，没有品种名称。

● 栽培要点　因为抗旱、喜光，所以要选择光照好、排水好的地方栽植。

栽植　因为抗寒性强，所以 12 月～第 2 年 3 月都可以栽植。盆栽，最好在 3 月栽植。

肥料　庭院栽植，在 10 月中下旬施 1 次干鸡粪、油渣、硫酸钾等化学肥料的混合肥料。盆栽，3 月在盆边压入玉肥。

病虫害　如果有介壳虫为害，用刷子等将其刷掉。

● 生产优质果的要点　在光照不良、经常潮湿的地方，生长非常弱，树势不良，不结果，需栽植在光照好、排水好的地方。如果是盆栽，则从萌芽到落叶都要放在光照好的地方。

修剪　因为是小型树木，所以可以不做

盆栽的培养方法：标准形的培养

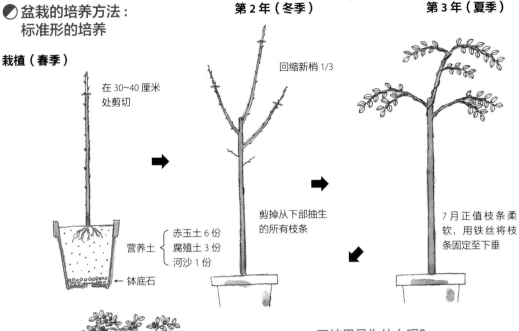

栽植（春季）

在 30~40 厘米处剪切

营养土 { 赤玉土 6 份 / 腐殖土 3 份 / 河沙 1 份 }

钵底石

第 2 年（冬季）

回缩新梢 1/3

剪掉从下部抽生的所有枝条

第 3 年（夏季）

7 月正值枝条柔软，用铁丝将枝条固定至下垂

目标树形（第 4 年以后）

树形。

　　因为枝条过密，枯枝增加，结果就差，所以要培养高光树形。盆栽培养成模样木或标准形。

　　疏果　因为结果过多，全是小果，所以 5 月上旬要对结果多的枝条进行疏果。

　　采收、观赏　5 月下旬~6 月上旬，果实开始着色，盆栽就能观赏了。注意白果品种比红果品种更难辨认其成熟期。因为果皮薄，软熟后易变质，所以采收后立即生吃或加工。

不结果是为什么呢？

● **光照差**

　　不结果的原因有很多：①光照差；②地下水位高；③枝条过密，光照不足；④肥料不足。盆栽浇水量过多，腰水这种水分管理方式会导致根系变弱或根系腐烂等。

　　预防措施是，将其移到光照好、排水好的地方。盆栽要用新的营养土栽植，注意水分管理。即使是生长发育良好的盆栽苗木，采用腰水，经 3~4 天就开始出现黄叶甚至落叶，成长发育停止。

枝条过密、光照差、结果差时，要进行修剪

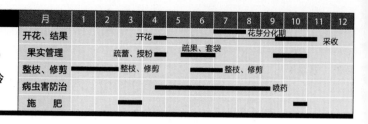

	月	1	2	3	4	5	6	7	8	9	10	11	12
开花、结果					开花 ▬				花芽分化期 ▬▬▬▬▬		采收 ▬		
果实管理				疏蕾、授粉 ▬▬		疏果、套袋 ▬▬▬							
整枝、修剪				整枝、修剪 ▬▬			整枝、修剪 ▬▬					
病虫害防治					喷药 ▬▬▬▬▬▬▬							
施　肥				▬▬					▬▬			

苹果 　薔薇科

栽培适宜地区：日本东北以北、中部高冷地的冷凉地区

🍏 庭院栽植的培养方法

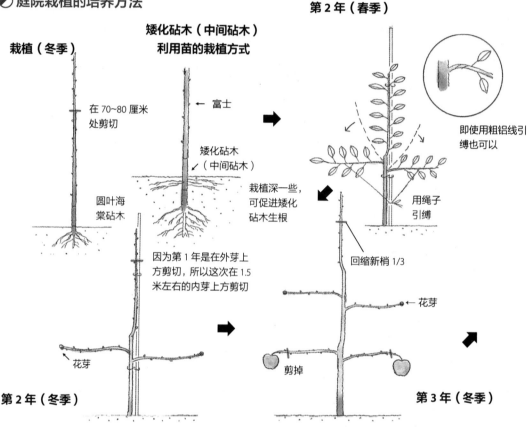

栽植（冬季）

在 70~80 厘米处剪切

圆叶海棠砧木

矮化砧木（中间砧木）利用苗的栽植方式

← 富士

矮化砧木（中间砧木）

栽植深一些，可促进矮化砧木生根

因为第 1 年是在外芽上方剪切，所以这次在 1.5 米左右的内芽上方剪切

第 2 年（冬季）

花芽

第 2 年（春季）

即使用粗铝线引缚也可以

用绳子引缚

回缩新梢 1/3

花芽

剪掉

第 3 年（冬季）

● **特点与性质**　苹果是寒冷地区果树的代表，耐寒性在果树中是最强的。在日本，从中部寒冷地区到东北、北海道是主产地。在气温较高的关东以南，着色差、成熟的果实不耐放，但也能栽培。如果光照充足，则对土质没有要求。

● **种类和品种**　大果品种有红色早熟的津轻、晚熟耐放的主流品种富士、黄色的玉铃、绿色味甜的王林、用于观赏的红色乒乓球大小的阿尔卑斯乙女、早熟有香味的美味、粉花红

叶非常漂亮的红肉苹果等，这些品种都可以。

姬国光晚熟，无落果，常用于盆栽。

● **栽培要点**　因为不耐夏季高温，所以在日本关东以西庭院栽植时，应避开夕阳长时间照射的地方。

栽植　栽植时期在 12 月或 3 月。矮化砧木根系脆、易折，栽植时注意处理。

肥料　采收后，施入干鸡粪、油渣、硫酸钾等化学肥料的混合肥料。

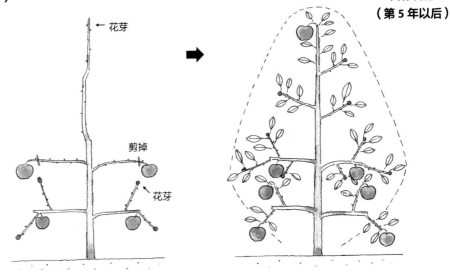

果实的着生方式与果实管理

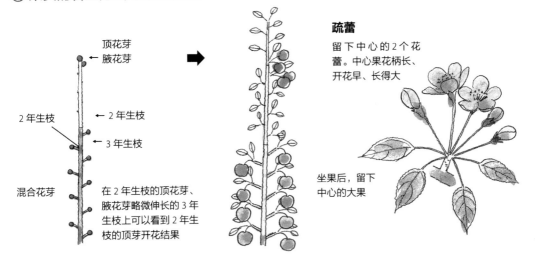

疏蕾
留下中心的2个花蕾。中心果花柄长、开花早、长得大

坐果后，留下中心的大果

顶花芽
腋花芽

2年生枝

←2年生枝

←3年生枝

混合花芽

在2年生枝的顶花芽、腋花芽略微伸长的3年生枝上可以看到2年生枝的顶芽开花结果

病虫害 蚜虫、卷叶虫等为害，会导致新梢生长不良或叶片卷曲，甚至落叶，可喷布大生与杀螟硫磷（1000倍液）等杀虫剂的混合药液进行防治。注意，在日本关东以西易患白粉病。

整枝、修剪 可以利用矮化苗，培养成小型的低矮纤细螺旋形（纺锤形）。其他还有U字形、棚架、树篱形等，都容易整枝。

●**生产优质果的要点** 在具有亲和性的品种间，进行人工授粉。

疏蕾 1个花序有5朵以上的花，留下中心1~2朵，其余的疏掉。

人工授粉 因为无论哪个品种，利用自身的花粉都难以结果（自花不实），所以要栽植2个以上同花期的品种，通过人工授粉，确保坐果。可以利用姬苹果、深山海棠、梨的花粉。

疏果 在开花2周后进行疏果。黄色品种疏果后立即套袋，防止果面污染。把疏蕾后发育正常的中心花留下，疏掉预留的侧果。疏果

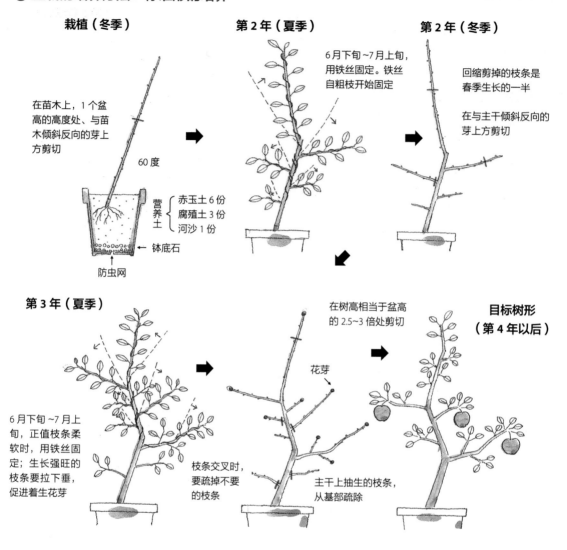

栽植（冬季）

在苗木上，1 个盆高的高度处、与苗木倾斜反向的芽上方剪切

60 度

营养土 { 赤玉土 6 份 / 腐殖土 3 份 / 河沙 1 份

钵底石

防虫网

第 2 年（夏季）

6 月下旬 ~7 月上旬，用铁丝固定。铁丝自粗枝开始固定

第 2 年（冬季）

回缩剪掉的枝条是春季生长的一半

在与主干倾斜反向的芽上方剪切

第 3 年（夏季）

6 月下旬 ~7 月上旬，正值枝条柔软时，用铁丝固定；生长强旺的枝条要拉下垂，促进着生花芽

枝条交叉时，要疏掉不要的枝条

在树高相当于盆高的 2.5~3 倍处剪切

花芽

主干上抽生的枝条，从基部疏除

目标树形（第 4 年以后）

标准是 3~4 枝（每枝有 30~40 片叶）留 1 个果。

采收　避免采收过早，充分着色后再采收。

● 盆栽的要点　不要忽视水分管理。

栽植　在 3 月进行。

放置场所　放在通风、光照好的地方。温暖地区，梅雨期过后的高温期，移到避开直射光的地方，或罩上黑色寒冷纱遮光。因为水分不足会引起叶片日烧，所以水分管理非常重要。

肥料　3 月在盆边压入玉肥。

整枝、修剪　一般培养成模样木或标准形。短果枝结优质果。

疏果　按照 1 根枝条留 2~5 个果、叶片少的枝条不留果的标准进行疏果。

换盆　想要连年结果，就要每隔 1 年换盆 1 次，以利于恢复树势。

购买的盆栽的管理　如果是室内观赏，则放在明亮的屋内最多 3 天，此后再搬到光照好的地方。不要忽视水分管理。

● 仅靠自身花粉不能结果

苹果具有自花不实性，即用自身的花粉难以结果。与开花期相同的2株以上栽植，或进行人工授粉。在选品种时，需要注意品种间结果不良的问题。例如，富士和陆奥搭配，会导致富士坐果率差。陆奥的花粉，多数是不完全花粉（不稔花粉），难以为其他品种提供花粉。

陆奥用富士的花粉可以结果，但富士不能得到陆奥的完全花粉而结果不良。因此，非常有必要增加1种像红玉这样的品种。

适合富士的品种——维纳斯黄金、红玉
适合陆奥的品种——美味、红玉

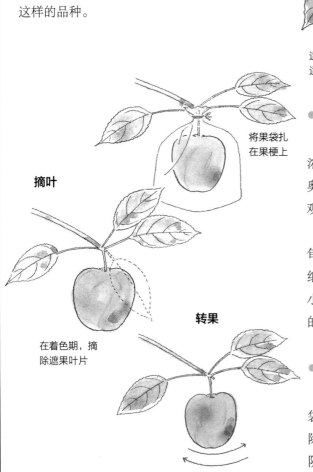

摘叶

在着色期，摘除遮果叶片

将果袋扎在果梗上

转果

转果使果实各面均匀接受光照

● 给黄色果实套袋

苹果进行无袋栽培，就能收获甜味浓的果实。但对玉玲、维纳斯黄金、陆奥这类黄色果，进行套袋，就能收获外观漂亮的果实。

套袋就是在疏果后（一般是5月下旬）立即套上石蜡纸或牛皮纸的小袋（报纸的1/36~1/24大小），果实膨大撑破小袋前（一般是7月上旬），换套报纸的1/10~1/8大小的袋子。

● 转果使果面全部着色

进行套袋的苹果，采收前1个月脱袋，充分接受光照使其着色。并且要摘除遮果叶片（摘叶）；转动果实，让遮阴的部分面向阳光（转果），使果实各面均匀接收光照，全面着色。

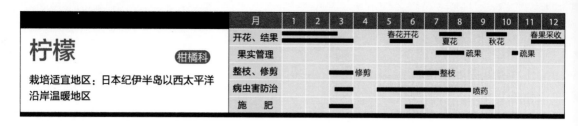

柠檬

柑橘科

栽培适宜地区：日本纪伊半岛以西太平洋沿岸温暖地区

月	1	2	3	4	5	6	7	8	9	10	11	12
开花、结果	▬▬▬				春花开花		夏花		秋花		春果采收	
果实管理							疏果		疏果			
整枝、修剪			修剪			整枝						
病虫害防治							喷药					
施　肥												

🌰 庭院栽植的培养方法

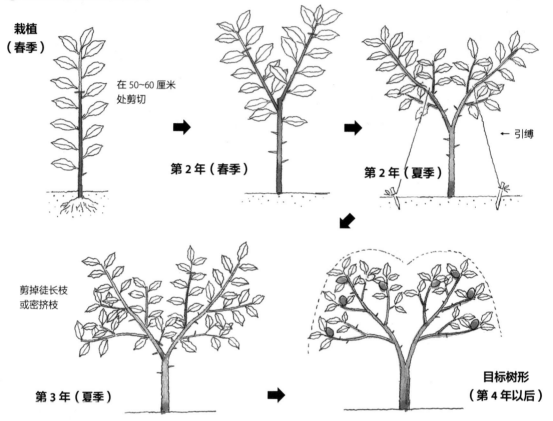

栽植（春季）

在50~60厘米处剪切

第2年（春季）

第2年（夏季）　← 引缚

剪掉徒长枝或密挤枝

第3年（夏季）

目标树形（第4年以后）

● **特点与性质**　属于世界性的香酸柑橘。但在日本多湿、冬季低温的气候条件下栽培，日本产柠檬是濑户内的部分地区才能见到的特产。具有四季开花特性，5~6月、7~8月、9~10月，3次开花，能同时观赏，花香四溢。

● **种类和品种**　里斯本是日本的主要品种，是柠檬中耐寒性最强的。11~12月采收的果实多，四季开花性弱。有榎本系、石田系、里斯本等优系。因为优力克早果、四季开花性强，所以10~12月和第2年春季都能采收。

● **栽培要点**　选择冬季最低温为-3℃的地方，或者必须采取防寒措施。

栽植　越冬后的3~4月栽植苗木，或选择冬季也比较温暖的向阳处栽植。

肥料　萌芽前的春肥、6月的夏肥、9月的秋肥，均以干鸡粪、油渣、硫酸钾等化学肥料的混合肥料，分3次施入。因四季开花性等原因，所以施肥要比温州蜜柑多。

病虫害　危害最严重的是溃疡病，决定着栽培的成败。雨少的地方或采用塑料大棚或玻

果实的着生方式与果实管理

疏果

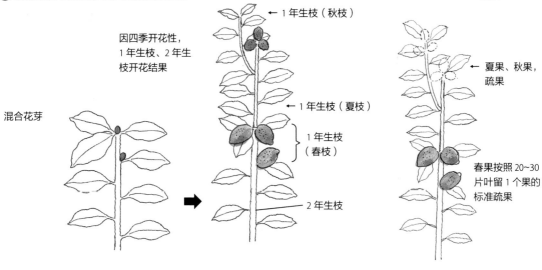

因四季开花性，
1年生枝、2年生
枝开花结果

← 1年生枝（秋枝）

混合花芽

← 1年生枝（夏枝）

1年生枝
（春枝）

← 2年生枝

← 夏果、秋果，
疏果

春果按照20~30
片叶留1个果的
标准疏果

简易的果实上色方法

越冬

绿柠檬与苹果同
时放在蜡袋里防
脱水，1个月后
变为黄色

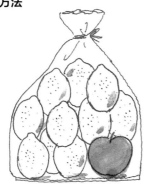

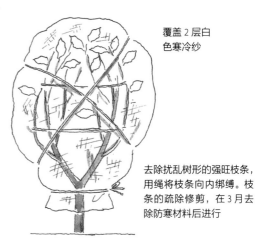

覆盖2层白
色寒冷纱

去除扰乱树形的强旺枝条，
用绳将枝条向内绑缚。枝
条的疏除修剪，在3月去
除防寒材料后进行

璃温室在室内栽培比较容易。雨多的地方，采
用塑料大棚等避雨措施是最有效的。防治药剂
是链霉素，在台风前后4~5月，喷布1000倍液。
黑星病的防治重点在于去除枯枝。

　　整枝、修剪　通过引缚等培养成小型的主
干形或半圆形。

　　●**生产优质果的要点**　因其四季开花性，
在同株树中能看到春果、夏果、秋果，大大小
小的果实，如果不在温暖地区或室内栽培，一
般夏果、秋果要疏果。

　　疏蕾　因为夏花、秋花不像春花那么多、
漂亮，所以即使不疏蕾，也可以观花，花后疏除。

　　疏果　一般夏果、秋果要疏果，春果过多
的枝条，要按照20~30片叶留1个果的标准，
疏除多余的果实。

　　采收、贮藏　春花在花后6个月采收。果
实横径达到5厘米的绿果，就可随时采收作为
绿柠檬利用。在温暖地区或室内栽培的并不只
是开1次花，从能采的果实到幼果都能见到，
除冬季外，树上也都有能采的果实。

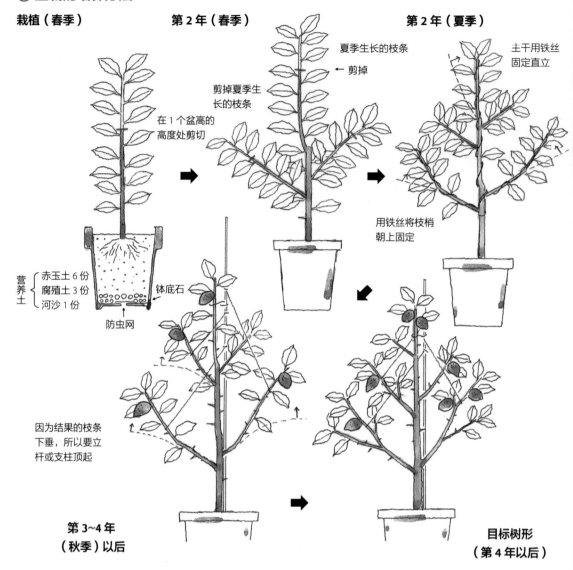

栽植（春季）　　第2年（春季）　　第2年（夏季）

夏季生长的枝条

← 剪掉

主干用铁丝
固定直立

剪掉夏季生
长的枝条

在1个盆高的
高度处剪切

用铁丝将枝梢
朝上固定

营养土 ｛ 赤玉土6份
腐殖土3份
河沙1份

钵底石

防虫网

因为结果的枝条
下垂，所以要立
杆或支柱顶起

第3~4年
（秋季）以后

目标树形
（第4年以后）

● 盆栽的要点　冬季移到室内，梅雨期移到明亮的场所避雨。

栽植　3~4月栽植在8~10号营养钵中。

放置场所　梅雨期放在明亮的避雨地方，或用塑料防雨布避雨。

施肥　3月和9月在盆边埋入玉肥。

整枝、修剪　按照树高相当于盆高的3倍的标准，培养成模样木。

人工授粉　用毛笔尖在花中摩擦的方式进行人工授粉。

疏果　春果留3~5个果进行疏果，夏果、秋果在花后疏果。

换盆　想要连年结果，就要每隔1年换盆1次。

购买的盆栽的管理　进入11月，就要放在光照好的地方进行控水，经1次霜后，放在明亮的室内。达到5厘米的果实，在放入室内前采收。

● 溃疡病

叶片上，最初出现圆形、浅黄色斑点，后期病斑表皮破裂、中部凹陷，其周围的黄色扩展到边缘。病原菌从叶片侵染到果实表面，果面形成黄色斑点，后期出现大量裂口。这种病原菌，是细菌，随雨水传播到叶片的气孔或风灾等造成的伤口，进行感染。柠檬非常容易受伤，避雨是最有效的防治方法。

溃疡病与预防

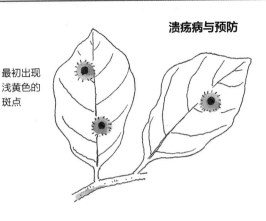

最初出现浅黄色的斑点

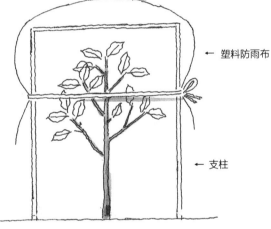

没有塑料大棚等时，在梅雨期要进行防雨

← 塑料防雨布

← 支柱

虽然果实少，但大大小小的果实非常有趣

● 盆栽越冬

管理好的盆栽，从春果的大果，到秋花形成的小果，充分体现了四季开花性的特征。如果温室等能保持在 25℃左右，小果也挺大，但一般家庭的室内达不到。越冬的都是没有果实的树，但要以观赏为主，结有大大小小的果实就会很有趣。各种果实少一点，树体负担轻了，也可越冬。春果留 2 个小的，其他的采收。夏果每枝也留 1~2 个，其他的疏除。

月	1	2	3	4	5	6	7	8	9	10	11	12
番石榴			栽植			疏果			施肥、修剪			
			开花							采收		
百香果		施肥								修剪		
				采收			开花					
菠萝		施肥						栽植				
			开花			采收				花芽分化期		

热带果树

番石榴 桃金娘科　**百香果** 西番莲科　**菠萝** 菠萝科

◑ 番石榴：杯状树形培养

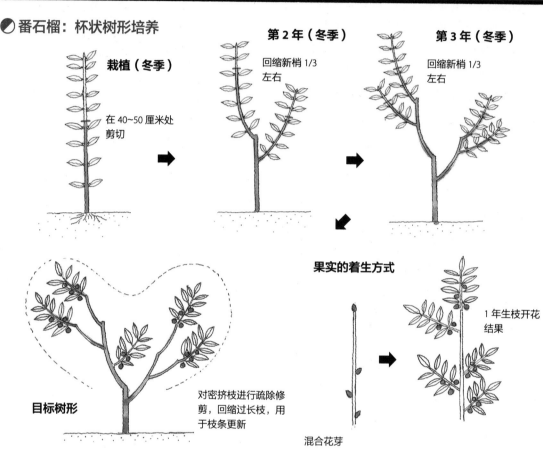

栽植（冬季）
在 40~50 厘米处剪切

第 2 年（冬季）
回缩新梢 1/3 左右

第 3 年（冬季）
回缩新梢 1/3 左右

目标树形
对密挤枝进行疏除修剪，回缩过长枝，用于枝条更新

果实的着生方式
1 年生枝开花结果
混合花芽

● **特点与性质**　有番石榴和草莓番石榴两类。番石榴不分品种，一般认为有西洋梨型和苹果型两个类型。草莓番石榴有红果和黄果，被称为奇特番石榴。两种都能在日本冲绳、九州、四国的温暖地区进行庭院栽植，特别是草莓番石榴，在温州蜜柑能栽植的地方就可以进行庭院栽植。

● **果实的着生方式**　番石榴，在上一年的枝条（结果母枝）抽生的新梢基部 2~5 节叶片基部着生花芽，结果。草莓番石榴，在上一年枝条的顶端和叶片基部抽生的新梢基部 2~4 节的叶片基部着生花芽，结果。

● **树形培养与修剪**　庭院栽植最好培养成高达 2 米的杯状形。草莓番石榴犹如其名，叶片美丽，按照标准树形培养成观赏树。

● **生产优质果的要点**　结果过多时要疏果。

百香果

栽植 第1年和第2年 一字形培养

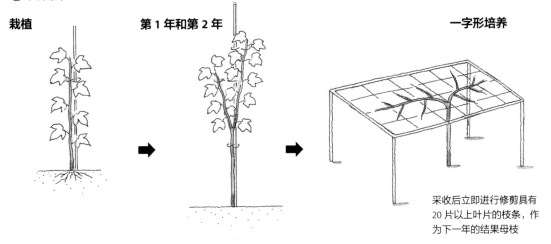

采收后立即进行修剪具有
20片以上叶片的枝条，作
为下一年的结果母枝

灯笼形培养 果实的着生方式

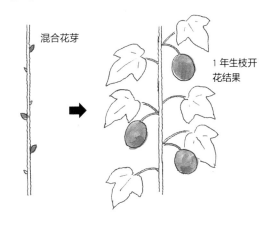

混合花芽

1年生枝开
花结果

● 特点与种类 西番莲类的花都非常漂亮，栽培品种是由观赏品种改良而来，但百香果的花也具有特有的形状，是白色和浅紫色漂亮的花。没有所谓的品种，根据果色分为紫色系和黄色系。在日本除了冲绳、南九州，其他地区因不耐霜冻而不能进行庭院栽植，所以冬季为防冻，最好进行盆栽。

● 果实的着生方式 从采收后发出的上一年枝条（结果母枝）抽生的新梢基部5~24节叶片基部，着生花芽，结果。

● 树形培养与修剪 因为是蔓性种类，所以庭院栽植要做棚或树篱，培养成一字形。抽生的新梢及时引缚，防止枝条密挤，注意果实的膨大与采收。盆栽最好培养成灯笼形。

● 生产优质果的要点 对于能结果的新梢，及时引缚，防止密挤，改善光照。根据开花顺序，依次进行人工授粉，提高坐果率。

菠萝

育苗

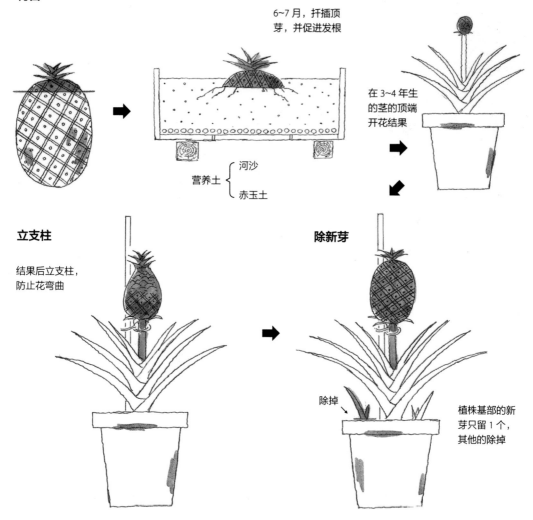

6~7月，扦插顶芽，并促进发根

在3~4年生的茎的顶端开花结果

营养土 ── 河沙
└── 赤玉土

立支柱

结果后立支柱，防止花弯曲

除新芽

除掉

植株基部的新芽只留1个，其他的除掉

● **特点与种类**　与众所周知的热带的凤梨同类，是多年生的草本植物。株高1米左右，在茎顶结果。抗寒性弱，在日本除了冲绳、南九州，其他地区不能进行庭院栽植，盆栽会很有趣。

品种分5~6个群，每个群又有各种各样的品种。

● **果实的着生方式**　盆栽在栽植后第3~4年的秋季，在茎顶形成花芽，结果。

● **树形培养与修剪**　没有必要专门做树形。因为结果后茎弯曲，所以立支柱，直立引缚。从果实下部抽生的芽，是下一次结果的植株，所以只留1个，其余的除掉。

● **生产优质果的要点**　因为茎粗能结大果，所以加强肥、水、光照管理，培养粗茎，就要及时除掉花开后抽生的芽。

● **育苗方法**　在日本的市场上几乎没有销售菠萝苗的。吃菠萝时，将切掉的叶（顶芽）插在河沙或赤玉土中促进生根，就得到了苗。

果树栽培的基础知识

- 栽培的准备与用具
- 整枝、修剪的方法
- 果实管理
- 苗木栽植
- 盆栽的培育方法及肥料
- 病虫害
- 术语解释

栽培的准备与用具

● 庭院果树栽培的心理准备

果树可以作为在家里也能结果的庭院树木。松树和四照花必须同时栽植在院里。因此果园也在渐渐流行，培养生产大量果实的树形，即整枝是随意的。作为庭院树木，不变的是供观赏的花木和常绿树，将漂亮的花和随季节品尝美味果实作为庭院树木的目标，其树形培养是可期待的。经常听到"桃花美、果好，但树体过大，只有枝顶结果""柿树长大后都死了"这样的抱怨，但作为庭院树木，不进行树形培养与修剪，是不会结果的。

也曾听将庭院树木的修剪等管理工作都交给花匠打理的人说："柿子不结果"。

这是因为，花匠对松树和黄杨采用了同样的修剪方法，但树种不同，开花、结果方式也不同。果树类和这些庭院树木没有太大差异，也可以将果树类理解为庭院树木的同类来处理。

想要高产丰收，一定是像果园的树木那样大。在庭院里，苹果或柿子这样的大果种类，能有30~50个果，温州蜜柑也能有50~60个果，就十分高兴了。综上所述，没有必要培养大型树体，并且也能培养出与庭院树木同样漂亮的树形。

欧洲的庭院，通过漂亮的整枝，形成钻石或U字形，苹果或梨开花、结果，成了庭院的主景。

像庭院树木历经多年形成大树一样，果树也是历经多年才从幼树长成大树，边培养树形

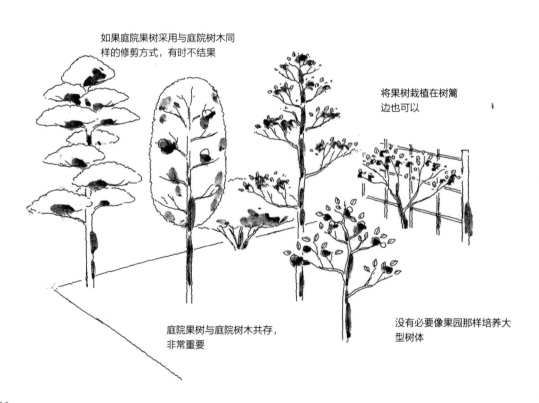

如果庭院果树采用与庭院树木同样的修剪方式，有时不结果

将果树栽植在树篱边也可以

庭院果树与庭院树木共存，非常重要

没有必要像果园那样培养大型树体

146

边结果。这和花草有很大的差别，栽植的树木作为我们家的"居民"，与家人共同成长，为我们的家史增添一页。

● 务必要准备的用具

耕地、挖穴的弄土（根部作业）用具如镐、铁锹、移植铲、营养钵类等是花草或球茎植物也都要使用的，但剪枝、弯曲、引缚、做树形等作业的用具，也需要准备。这些是和庭院树木一样都要用到的，备齐更方便。去枝的锯是专用工具，购买时要进行选择。

修剪的锯　齿幅宽、不夹锯末。有折叠型和不折叠型。

修枝剪　剪刀有大小之分，一般剪刀长18厘米的修枝剪用起来轻便。双刃的疏花剪不适合剪枝条。

将锯、剪装入皮套，串在腰带上，用起来非常方便。

绳类　绳类在引缚枝条时使用。粗枝用塑料绳、细枝用麻绳，即使枝条增粗，也不会嵌进去，用起来很方便。

支柱　套有绿色塑料的金属制品。有不同大小的种类。用于防止主干弯曲固定的、U字形、灯笼形。

棚　棚是猕猴桃或葡萄等蔓性种类，做树形不可缺少的用具（设施）。日本的市场上销售的棚为金属制品，高2米。

愈合剂　愈合剂用于涂抹修剪枝条后的剪口，促进剪口愈合。

用具

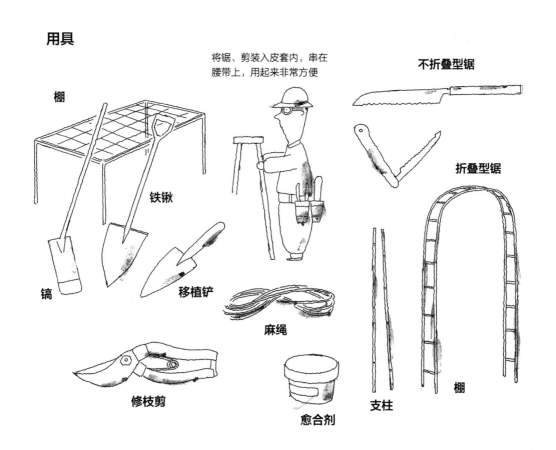

将锯、剪装入皮套内，串在腰带上，用起来非常方便

不折叠型锯

折叠型锯

棚

铁锹

镐

移植铲

麻绳

修枝剪

愈合剂

支柱

棚

整枝、修剪的方法

● 整枝、修剪基础

枝条的剪法 大致分为疏除修剪和回缩修剪。

所谓的疏除修剪，就是分枝的枝条，将其从基部剪掉，减少枝条数量的修剪。即使是1根枝条，经过3年后，枝条就会变得非常多，产生遮阴，下部的枝条变细、枯死。为了改善所有枝条的光照、通风条件而进行疏除修剪，是完成树形后能结果的修剪。疏除的枝条有前一年枝（2年生枝）和3年生枝以上的粗枝。

回缩修剪，也叫反向修剪。是将长枝从枝顶到基部回缩变短的修剪。主要是对2年生枝进行修剪，培养树形时，这种修剪方法要反复操作3~5年。

重剪与轻剪 对于2年生枝的生长或枝条总数，没有修剪而留下来的枝条的比例或剪掉的枝条数量为基数，说明修剪强弱的程度。留下的枝条多（剪掉的枝条数量少）叫轻剪，留下的枝条少（剪掉的枝条数量多）叫重剪。可见，前面所述的疏除修剪是轻剪，回缩修剪是重剪。同样的枝条，重剪后，下一年的枝条生长旺盛，难以成花；轻剪后，新梢生长弱，会适量形成花芽。

枝条的剪切方法 如果枝条的粗度是铅笔粗或1厘米粗，剪前磨刀，用剪刀就容易剪掉，但比其粗的枝条，要用锯。也可以说"枝条不用剪刀剪，用手剪"。剪粗枝时，剪刀由外侧切入，没有拿剪刀的手握住要剪掉的枝条，与剪刃切入同向用力推出后，剪口平滑。

将锯刃从去掉枝条的上侧（内侧）切入后，

修剪的强弱与新梢的生长方式

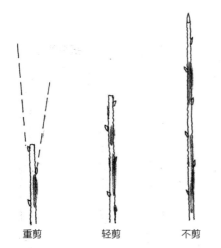

重剪　　　轻剪　　　不剪

◆ 新梢重剪，新梢生长强旺，难以成花
◆ 轻剪后，新梢生长弱，适量着生花芽
◆ 不剪，枝条不伸长，花芽过多

疏除修剪

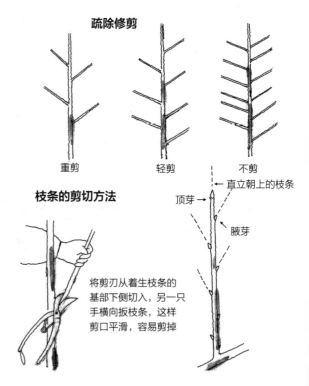

重剪　　　轻剪　　　不剪

直立朝上的枝条
顶芽
腋芽

枝条的剪切方法

将剪刀从着生枝条的基部下侧切入，另一只手横向扳枝条，这样剪口平滑，容易剪掉

枝条易裂，要引起注意。

枝条的剪切位置 回缩修剪枝条时，大多是在紧贴芽上方45度角剪切，尽量让剪口完全愈合。芽的上部所留枝条过长，芽萌发后先横向生长，然后向上生长，形成弯曲枝条；留在芽上方的枝条会在着生新枝处枯死，留下干桩，剪口没有完全愈合。去除粗枝条同样需要在分枝着生基部剪掉。

枝条中心部（髓）柔软且大的葡萄、猕猴桃、无花果，如果在芽的上方剪掉后，会因留下的剪口干燥，顶端的芽抽生的枝条长势不好，所以要在芽与芽中间剪断。

剪口的处理 细枝不用处理，但粗枝要在剪口涂抹愈合剂进行保护。

特别是用锯去掉粗枝的剪口，如果放任不管，多年都不愈合，就会成为枝枯病或食干病虫害的入口，造成枝枯、腐烂。

整枝、修剪的时期 有树体休眠期进行的冬季修剪，和春季萌芽后树体生长期进行的夏季修剪。冬季修剪是周年管理的开始，是树形与维护的基本操作，要在12月～第2年2月中旬认真实施。养分、水分容易从剪口流出的葡萄或猕猴桃，最好在1月中旬进行。蜜柑类的常绿树，在寒冷过后萌芽前的2月下旬~3月下旬进行，冬天开花结幼果的枇杷，在9月上中旬进行。

夏季修剪是作为冬季修剪的辅助措施，春季进行刻芽、摘心、绿枝疏除等。新梢引缚也可以说是夏季修剪的一环。

● **为生产优质果进行的修剪**

促进成花 树形培养完成后，树体长大，需要进行成花结果的修剪。在肥、水充足，光照、通风良好的地方，即使是整理好树形的树木，每年不进行适度修剪，下一年树形也会杂乱，光照、通风变差，形成不结果的枝条。

相反，只通过修剪，不能着生花芽、结果。适度的栽培管理与病虫害防治等，创造了花芽形成的诸多有利条件,结果就是花芽形成变好。

枝条的生长方式

斜向枝条

顶端为上芽生长良好，下芽生长长度变短。下芽或基部的芽生长量小，或不萌芽

水平枝条

从顶端到基部的芽生长的长度相同

枝条的剪切位置

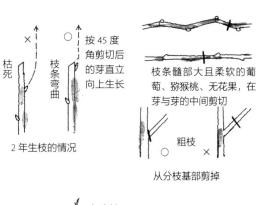

枯死　枝条弯曲

按45度角剪切后的芽直立向上生长

2年生枝的情况

枝条髓部大且柔软的葡萄、猕猴桃、无花果，在芽与芽的中间剪切

粗枝

从分枝基部剪掉

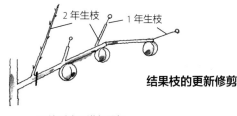

2年生枝　　1年生枝

结果枝的更新修剪

回缩到这里进行更新

培养树形期间，为了培养主干与主枝，多用回缩修剪。但树形培养好后，一边维持树形，一边开花结果，多用疏除修剪。

着生花芽结果的枝条（结果枝），因果树种类不同而不同。说起坐果习性，如春季生长的新梢（1年生枝）顶端只有2~3个芽结果的柿子，同样的新梢，无论哪个芽抽生的新梢都能结果的葡萄，上一年的枝条（2年生枝）着生花芽的桃等，不同的坐果习性，必须掌握，才能进行修剪。冬季修剪时，像庭院树木一样，将柿子树上长度30厘米左右的上一年枝条（结果母枝）的枝顶统一剪掉，就会剪掉芽中的花芽而不能结果。

结果2~3年的枝条的更新　1根结果枝也能结果2~3年，如此枝条数量就增加了，果实就会着生在更长的枝条顶端，没有果实的枝条的部分就会增多。等到基部发出新枝，再回缩最初的枝条，更新结果枝。成龄树通过更新修剪疏除枝条，从主干和主枝上发出新的结果枝来维持树形。

● 为了培养树形而进行的整枝、修剪

为什么要培养树形　果园的树形培养，是为了在有限的果园中，提高产量与品质，而采取的合理的整枝方法。因此，1棵梨树通过整枝，可以占用150米^{2}的棚，采收150千克的果实。可是，庭院果树是结果的庭院树木、结果的盆栽花木，能种植在院里的厚皮香、四照花、姬苹果，并不是很特别，要与这些庭院树木同时存在，必须调节好院里所有的树木。

追求整姿的树形之美，叶、花、果与时令之美，同时也追求品果乐趣。可以说，适合庭院的树形应为小型、美观、每年都能结果的树形。

庭院栽植的树形

①主干形（也叫圆锥形、金字塔形）　1根干（主干）上发枝结果，适合容易培养的小

庭院栽植树木的各种树形

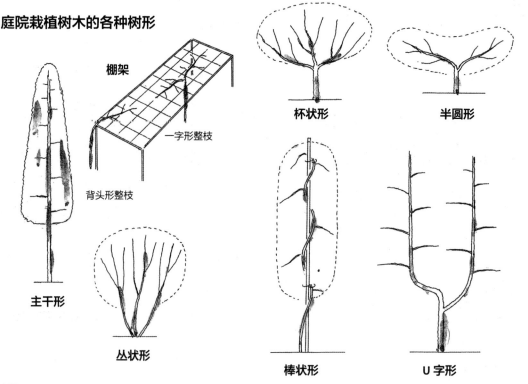

棚架

一字形整枝

背头形整枝

主干形

丛状形

杯状形

半圆形

棒状形

U字形

型树。

②杯状形　将主枝整成杯状，改善内部枝条的光照。

③半圆形（扁圆形）　将圆切掉一半的形状为模型，主枝左右分出，培养成小形状。

④U字形　培养成2根主枝的U字形或4根主枝的U字形。

⑤篱壁形　将篱壁上1~2层主枝左右分开整枝。

⑥棒状形　将土枝缠绕在粗杜子或竿上。

⑦棚架　在兼具避光的棚的上部等整枝。

⑧丛状形　丛状类型的培养方法。

盆栽的树形　比庭院栽植更有观赏价值的树形。

①模样木　按照盆栽的模样木培养，观赏主干弯曲与枝条配备构成的主干形状与果实之美样，同时品尝果实，是可应用于多数果树的树形。

②扫帚形　倒立的竹扫帚的树形。适合枝条细、枝条多的树种。

③标准形　与伞形的台灯相似的树形。小果型可以培养成漂亮的盆栽。

④丛状形　长成丛状的树种，自然形成丛状形。

⑤灯笼形　适合蔓性树种。利用枝蔓缠绕形成与盆相符的灯笼形。

盆栽是培养小型树木最合适的方法。盆的大小（土的多少）与树体的大小（果实的数量）要成比例。盆越大树越大，结果越多。但要考虑到盆土量的多少、盆的移动、管理、室内观赏等因素，小果类用5~6号盆，大果类用7~8号盆，最大不超过10号盆。因为是盆栽，自小就按矮化（小型化）成龄树培养，即使树龄到了青壮年，也比庭院栽植的树体要小，结果要早。

篱壁形

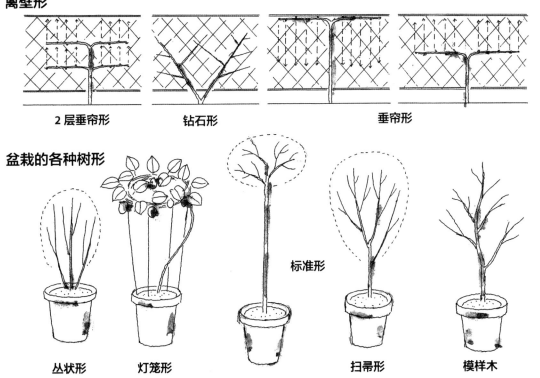

2层垂帘形　　**钻石形**　　　　**垂帘形**

盆栽的各种树形

标准形

丛状形　　**灯笼形**　　　　　　　　**扫帚形**　　**模样木**

果实管理

● 为什么一定要进行果实管理?

　　放任生长的柿子等,会出现每隔1年结果的现象,这种现象被称为隔年结果。结果多的年份被称为大年,结果少的年份被称为小年。这种现象出现的原因是,大年开花多、结果多,枝条贮藏的养分大量被果实消耗掉,导致树势衰弱,不能形成下一年的花芽。

　　这种自然现象可以通过栽培管理控制,为了使其每年都能采收同样产量的大果,而进行必要的果实管理。

● 疏蕾与蔬果

　　适当剪掉着生大量花芽的枝条,即使那些花芽都能全部结果也要剪掉,因为有一定量的花芽开花结果就可以了。促使其大量开花的是花漂亮的种类,被称为花木,可用于观赏,但

为了果实膨大需疏掉花蕾(疏蕾),利于减少树体消耗。例如,像猕猴桃的果实那样,属于幼果初期发育旺盛的种类,比起花后疏除幼果,更主要的是疏蕾。

　　并且,通过疏蕾可以减少花量,人工授粉的花量也减少了,效率得到提升。

　　花后经过授粉的幼果开始膨大,但没有经过授粉的果实不再发育,变黄脱落。疏果早效果越好,但一般是在落果后、落花后的第3~4周开始进行。

　　留下果实的数量是由叶片的数量推算的。要使1个果实膨大到丰满,一般必须要有30片左右的叶,但疏果时,叶片数量会变少,按照7~10片叶留1个果的标准留果,等到枝条停长的7月,增加必要的叶片数量。

疏果方法

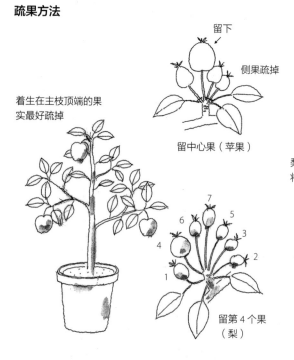

留下

侧果疏掉

留中心果(苹果)

着生在主枝顶端的果实最好疏掉

7
6
5
4
3
2
1

留第4个果
(梨)

套袋

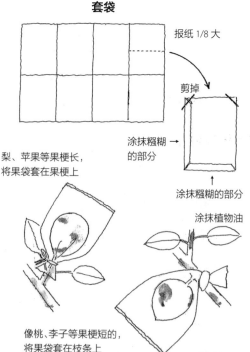

报纸 1/8 大

剪掉

涂抹糨糊的部分

涂抹糨糊的部分

梨、苹果等果梗长,将果袋套在果梗上

涂抹植物油

像桃、李子等果梗短的,将果袋套在枝条上

庭院果树一般留果多，不再疏果。

方法是要想实现形状端正、果个大、品质好的果实，每个地方留 1 个果。①苹果、梨、桃，要留果形稍长的。②梨应留下每个花序的第 3~4 朵花，苹果留中心果，柿子留果蒂大的。③留没有外伤或病虫害的果实。④在每棵树上，留下靠近枝条顶端的果实。⑤盆栽时，从观赏角度来看，留侧枝果，不留主干果；留枝条中间的果实，不留枝条顶端的果实。

● **人工授粉**

单株果树的雄花与雌花分别开放，而导致不结果的有：雌雄异花、雌雄异株、没有花粉、利用自身花粉不能结果、杂交不亲和等情况。还有，在昆虫活动稀少的市区，通过人工授粉确保坐果。

需要授粉的花，在半开和全开时接受 2 次授粉，授过粉的，在花的雌蕊顶端用明亮的液体标记。

花粉品种比授粉品种开花早，将散花粉的花药，用玻璃纸包住，放入茶筒，在冷库中贮藏；花粉品种开花晚时，将剪下的枝条插在花瓶中，放在光照好的室内，可促其早早开花，以利用花粉。

● **套袋**

套袋可以保护果实免受病虫为害，是为了提高外观品质而进行的果实管理。

市场上有高效低毒农药销售，但庭院栽培不介意外观，所以应多进行果色深、味甜、维生素种类多的无袋栽培。

套袋价值大的有：油桃、青梨、大粒葡萄、黄色苹果，采前易受害虫为害的晚熟桃、梨、枇杷等。果袋是利用金属卡子，果梗长的梨、苹果、葡萄等卡在果梗上，桃、李子等卡在枝条上。

采收前为了促进果实上色而进行除袋或破袋。还要摘除盖在果实上的叶片。

花粉的采集方法与贮藏方法　　　　　　　　　　　　　　**人工授粉的方法**

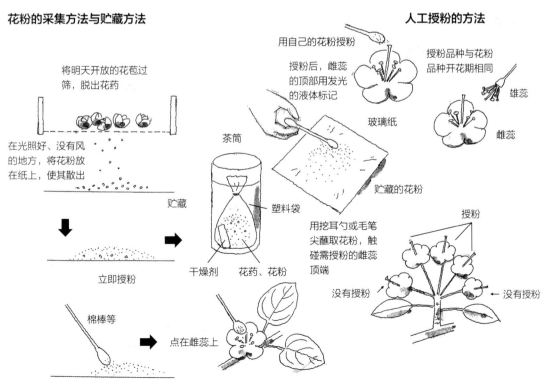

将明天开放的花苞过筛，脱出花药

在光照好、没有风的地方，将花粉放在纸上，使其散出

贮藏

立即授粉

茶筒

塑料袋

干燥剂　　花药、花粉

棉棒等

点在雌蕊上

用自己的花粉授粉

授粉后，雌蕊的顶部用发光的液体标记

玻璃纸

贮藏的花粉

用挖耳勺或毛笔尖蘸取花粉，触碰需授粉的雌蕊顶端

授粉品种与花粉品种开花期相同

雄蕊

雌蕊

授粉

没有授粉　　　　没有授粉

苗木栽植

● **栽植场所的选择**

栽植场所无非就是在光照良好、通风良好的地方。市区就不用说了，从春季到夏季有半天光照的地方都能栽植。在光照不好的地方或只有夕阳照射的地方，要选择对其有耐性的蜜柑类栽植，并采取措施保证其正常发育。

所谓适合的土地，是指树木根系能充分伸展的、土层深厚的土地。即使是肥沃的土壤，排水不良、地表积水的"浅层土地"，根系无法深扎，也不利于果树生长。即使是削丘整成的、没有养分贫瘠的土地，如果能深挖回填，能够做成根系向深处伸展的"深层土地"，也可以说是适宜地区。

如果能够将"浅层土地"通过排水或填土，改造成"深层土地"，也可以说是非常优质的适宜地区。在家里，树木没有必要像果园那样长那么大，只要简单挖掘，能达到50厘米深就可以了。

适合丘陵造地的改土　旱田变宅院的地方，比较容易深挖，就没有改造的必要了。但削去丘陵地的表土，改造成宅院的地方，大多数土质硬、养分少，要将全院深挖50厘米回填。回填时，落叶和市场上销售的泥炭土、树皮堆肥、苦土石灰等混合进行。

虽然这些材料肥料养分少，但使回填土保持了蓬松状态，所以尽量多混合。

水田的填埋地　一定是不积存排出水的状态。大多是地下20~30厘米的地方，土质硬，

栽植准备

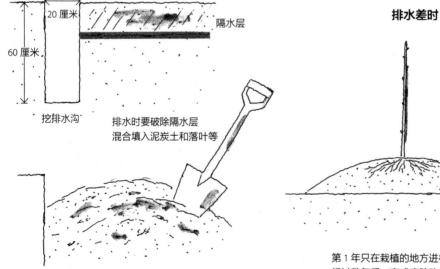

水田的填埋地

20 厘米

隔水层

60 厘米

挖排水沟

排水时要破除隔水层
混合填入泥炭土和落叶等

排水差时

堆土

20~30 厘米

第1年只在栽植的地方进行，
经过数年后，完成庭院改土

形成了隔水层，在院子四周挖宽 20 厘米、深 60 厘米的排水沟，改善排水条件，土壤干燥后，将整个院子翻一遍，破除坚硬的隔水层。同样用落叶和泥炭土等混合回填。

地势没有落差，难以排水时，在院里堆土 30 厘米，舒展根系即可。

改土在树木栽植前进行，如果与栽植一起进行，比较费事。第 1 年只在栽树的地方改土，经过数年后，整个院里改土结束。

● 栽植时期与顺序

落叶果树，在 11 月下旬 ~ 第 2 年 3 月栽植落叶期的苗木，但日本关东以西的温暖地区，在严寒来临前的 12 月中旬前栽植后不久就会发根，春季开始早，第 1 年生长良好。

寒冷地区在越冬后的 3 月栽植。蓝莓和树莓等小果类营养钵苗，9 月也能栽植，年内发根，能保证成活。

常绿果树在越冬后的 2 月中旬 ~ 3 月中旬栽植。

苗木应在栽植时期购买，但新品种等难以购到的苗木，8~9 月可以通过网络预订。

栽植顺序是：①收到苗木后，拆除包装，立即将根系浸水半天左右；②在栽植的地方，挖直径 50 厘米、深 50 厘米的栽植穴；③挖出的一半土与泥炭土（或树皮堆肥）、鸡粪、石灰等混合后回填；④再回填留下的另一半土的一半；⑤将苗木粗根的根尖或断根用剪刀剪齐；⑥将苗木的根系放在栽植穴的中央，舒展根系，盖土，不要深栽；⑦在苗木四周做水畦，充分灌水，使根系与土壤紧密接触；⑧水渗后填土；⑨数小时后，踩踏根部，将土踩实；⑩在苗木既定高度处剪切，立支柱引缚；⑪在根部盖上瓦楞纸板或堆土，防止土壤干燥（堆土在春季去除）。

庭院栽植的顺序

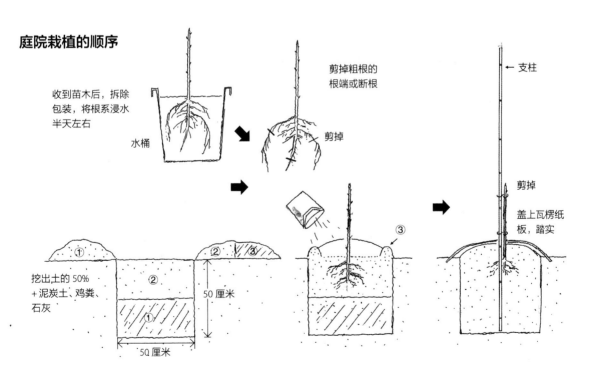

收到苗木后，拆除包装，将根系浸水半天左右

水桶

剪掉粗根的根端或断根

剪掉

挖出土的 50% + 泥炭土、鸡粪、石灰

50 厘米

50 厘米

③

← 支柱

剪掉

盖上瓦楞纸板，踩实

盆栽的培养方法及肥料

没有院子的家庭越来越多，但果树类通过盆栽，也能充分体会结果的趣味。盆栽时与庭院栽植使用同样的种类或品种。

在楼房的阳台能做成苹果与柑橘同处一地的迷你果园，这比庭院栽植更早挂果。

● 营养钵与营养土

营养钵越大，用的营养土越多，树体长得越大，结的果也越多，但从移动与便利的角度来看，5~8号深的营养钵最适合。小果类，长度在100厘米的栽培箱能栽植5株。

营养土，除了市面上销售的赤玉土，主要由庭院土和旱田土制成。几乎所有的果树种类都使用庭院土（赤玉土）6份＋腐殖土3份＋河沙1份的混合土。喜好酸性土的蓝莓，使用庭院土4份＋鹿沼土3份＋泥炭土3份的混合土。

● 栽植

年底买到的落叶果树苗木，假植在大营养钵或院里，与常绿树一样，在3月栽入营养钵中。栽植的顺序是：①在堵住盆孔的盆底铺上钵底石；②回缩苗木的粗根，使之能栽入营养钵中，将细根盘在营养钵中；③在钵底石上放5厘米厚的盆土，将苗木向下压入营养钵，填上盆土栽植。要培养成模样木时，苗木要倾斜60度栽植。在1个盆高的高度处剪掉、灌水，栽植完成。

● 盆栽的管理

放置场所　放在通风、透光的地方。对夏季强光抗性弱的苹果和醋栗类，用黑色的寒冷纱遮光。冬季，对于抗寒性强的落叶果树，将

盆栽的假植与栽植

在庭院土中假植　　在营养钵中假植

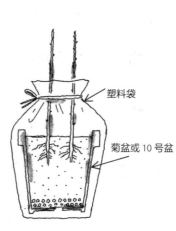

塑料袋

菊盆或10号盆

50厘米

挖50厘米深的坑，去除苗木上的塑料包裹物与水苔，舒展根系，盖上厚厚的土越冬

抠出菊盆等内的湿土，用水苔栽植，每盆都包上塑料袋，防止根系干燥

栽植

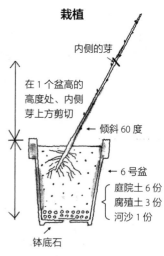

内侧的芽

在1个盆高的高度处、内侧芽上方剪切

倾斜60度

6号盆

庭院土6份
腐殖土3份
河沙1份

钵底石

回缩粗根，使其能栽入营养钵中，略倾斜栽植，在面向盆中心位置的内侧芽上方剪切，充分灌水，放在光照好的地方

营养钵埋入土中，

注意防旱，容易越冬。常绿果树中有耐寒性的种类，可放在屋檐下或塑料长廊内；耐寒性弱的种类，则搬入室内，用于绿色装饰。

水分管理 根据盆土的墒情，每天浇水不少于 1 次。特别注意夏季缺水时的管理。

果实管理 疏蕾、人工授粉、疏果，都以庭院栽植为准。结果过多的树木比庭院栽植更易衰弱，注意疏果。

● 施肥时期

果树抽叶开花结幼果所需的营养成分，都源于上一年从根系吸收的贮存在干、枝、芽等内的养分。蓄积这些营养成分的时期是 9~10 月。为了蓄积更多的营养成分，作为下一年的基肥要在这个时期施入。

● 肥料的施用方法

在树干四周或左右两侧，挖宽、深均为 20~30 厘米的沟埋入肥料，或围绕树干撒施肥料，并浅耕。盆栽的基肥是在盆的四周压入拇指大小的玉肥。

● 肥料的种类

有油渣、鱼渣、骨粉、鸡粪、牛粪等有机肥料和硫氨、过磷酸石灰、硫酸钾等化学肥料。

庭院栽植最好选用以有机质肥料为主，或配肥中有机质含量多的肥料。化学肥料作为基肥的补充肥料施用。

● 施肥量

施肥量因树的年龄和果树的种类而变化。所施肥料成分的标准，参考通用表。

想要施入的成分，通过使用表来计算（想施入的成分含量／肥料成分），一定要施入干鸡粪 5 千克、油渣 6 千克、硫酸钾 500 克、其他化学肥料 1 千克，施入成分氮素 505 克、磷酸 370 克、钾 460 克。

这个数值不一定要完全一致，多点少点都行。施入时，将这些混合一次性施入。

肥料的施用方法

庭院栽植

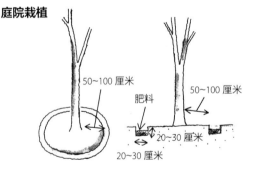

50~100 厘米

肥料

50~100 厘米

20~30 厘米

20~30 厘米

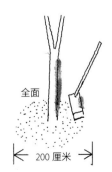

全面

200 厘米

盆栽

树

玉肥

粉状肥料

树

玉肥

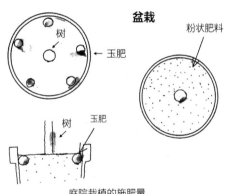

庭院栽植的施肥量

①每棵树的施肥量（克）

果树名称	3 年树			5 年树			10 年树以上		
	氮	磷	钾	氮	磷	钾	氮	磷	钾
大部分种类	50	20	50	100	25	100	500	300	500
柑橘类	80	50	50	200	150	100	350	250	250
莓类	10	10	10	20	20	20	20	20	20

②日本市面上销售的肥料的成分（克／千克）

肥料名称	氮	磷	钾
干燥鸡粪	35	30	20
油渣	50	20	10
化学肥料	100	100	100
硫酸钾	0	0	400

病虫害

● **注意病虫害的发生**

果树病虫害与其他庭院树木共同发生的有：白粉病、介壳虫、蚜虫等。这些病虫害同时为害庭院树木，一定要同时进行防治。

既有只为害果实的病虫害（如柿蒂虫只为害柿子类），又有为害梨、苹果、桃等多种果树的食心虫。像梨的二叉蚜，在枇杷上越冬，到了春季，迁移到梨树上为害叶片，发生时，一定要注意。

● **不用药剂的防治法**

像柿子的落叶病等，附着在落叶上的病原菌会成为传染源，挖深50厘米的穴，将收集到的残留落叶埋入土中，或晒干烧掉。

像柿子、葡萄、梨，树体长大后，树干或枝条的外皮变厚，其中会出现越冬害虫。像这些种类，要刮掉厚厚的粗皮并烧掉。修剪下的枝条中也有病虫害，待其干燥后，在果树萌芽前烧掉，或将其剪短，作为土壤改良材料，深埋于土中。

● **农药的使用方法**

有防治病害的杀菌剂和防治虫害的杀虫剂。常备的杀菌剂有大生类、杀虫剂有杀螟硫磷等1~2种。

在无风的早晨喷布，为了防止药液飘洒到身上，要戴帽子、口罩，穿防护服，用1~10升容量的喷雾器充分喷布。用完后器具要水洗，仔细用肥皂清洗脸和手。

不用药剂的病虫害防治

烧掉

落叶

死皮

活皮

埋进坑

30~50厘米

修剪的枝条剪短，埋入土中，作为土壤的改良材料

水剂（大生 400 倍液）与乳剂（杀螟硫磷 1000 倍液）制成的 10 升混合液

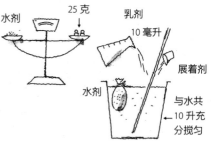

水剂　　25克　　乳剂
　　　　　　　　　10毫升

展着剂

水剂

与水共
← 10升充
分搅匀

稀释倍率与药量

倍率	10升水相对的药量 / 毫升或克
100	100.0
200	50.0
400	25.0
500	20.0
800	12.5
1000	10.0
1500	6.7
2000	5.0
2500	4.0
3000	3.3

●术语解释

追肥 相对于基肥来说，随着果树成长发育施入的肥料。

果梗 连接果实与枝条，像茎一样的部分。

果实管理 为保证坐果或控制果实数量形成大果、套袋等果实的管理工作。

结果母枝 能够抽生新梢着生花芽的萌芽前的枝条。

杂交不亲和 在特定的品种间难以结果。

混合花芽 从1个芽抽生出花、叶、枝的芽。在梨、柿子等果树上可见。

自花不实 用自身的花粉难以结果。

雌雄异花、雌雄异株 在1棵树上，雌花、雄花分别开放的是异花。树有雌树、雄树之分的是异株。

主芽和副芽 处于着生芽中心位置的正常芽是主芽。就像添加在主芽上的一样，比主芽小的芽叫副芽。如果主芽正常生长，副芽就不萌芽。主芽受到伤害时，副芽萌芽，代替主芽。

主干 相当于树干的部分。苗木栽植后，需要修剪苗木的主干。

主枝 从主干抽生，形成树形骨架的枝条。

次主枝（副主枝） 从主枝上抽生，仅次于主枝的枝条。形成比主枝细的骨干枝。

人工授粉 通过人手，将花粉授粉给其他品种或种类。

纯花芽 只开花不抽枝的芽，桃和樱桃等可见。

整枝 通过整理树形，使所有枝条都能得到光照，每年都能采收美味果实，用金属丝固定、引缚等，整理树形的作业。

修剪 为了减少密集枝条，或保留长势强旺的枝条生长，而剪掉枝条的作业。

侧枝 从主枝或次主枝上抽生，着生结果枝或结果母枝的枝条。

坐果习性 也称结果习性。着生花芽结果的习性因种类而定。

顶芽、侧芽 枝条顶端的芽叫顶芽。着生在枝条侧面叶片基部的芽叫侧芽。

顶花芽、顶腋花芽、腋花芽 顶芽是花芽的叫顶花芽，紧随顶芽3~4个芽的腋芽是花芽的叫顶腋花芽（枝条顶端腋生花芽），腋芽是花芽的叫腋花芽（腋生花芽）。

摘心 摘除生长的嫩枝顶端，控制枝条伸长，或促进腋芽萌发。

疏蕾、疏果 为了生产优质果实，各种果树保留适当数量果实，摘除花蕾的叫疏蕾，摘除幼果的叫疏果。

基肥 当年施入作为基础的肥料。

引缚 在支柱上添加果树枝条等，向一定方向引导的作业。

绿枝 春季抽生不久的枝条。

矮化 利用盆栽或专用药剂使植物小型化。

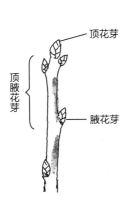

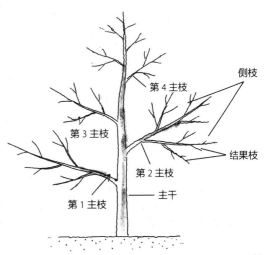

Original Japanese title: 図解だからわかりやすい家庭果樹の育て方＆剪定のコツ

Copyright © SHUFUNOTOMO CO., LTD. 2017

Originally published in Japan by Shufunotomo Co., Ltd.

Translation rights arranged with Shufunotomo Co., Ltd. through Shanghai To-Asia Culture Co., Ltd.

封面设计：川尻裕美（尔格）
相　　机：阿鲁斯照片企划
版式设计：编辑社 CDC
插　　图：群境介
协助编辑：高柳良夫 CDC

图书在版编目（CIP）数据

庭院果树栽培与整形修剪全图解 / 日本主妇之友社编；
张国强译. — 北京：机械工业出版社，2022.1
ISBN 978-7-111-69600-1

Ⅰ.①庭… Ⅱ.①日… ②张… Ⅲ.①果树园艺 – 图解 ②果树 – 修剪 – 图解 Ⅳ.①S66-64

中国版本图书馆CIP数据核字（2021）第233113号

机械工业出版社（北京市百万庄大街22号　邮政编码100037）
策划编辑：高　伟　周晓伟　　责任编辑：高　伟　周晓伟
责任校对：薛　丽　　　　　　责任印制：张　博
保定市中画美凯印刷有限公司印刷

2022年1月第1版·第1次印刷
169mm×230mm·10印张·2插画·197千字
标准书号：ISBN 978-7-111-69600-1
定价：59.80元

电话服务　　　　　　　　　网络服务
客服电话：010-88361066　机　工　官　网：www.cmpbook.com
　　　　　010-88379833　机　工　官　博：weibo.com/cmp1952
　　　　　010-68326294　金　书　网：www.golden-book.com
封底无防伪标均为盗版　机工教育服务网：www.cmpedu.com